福建省高职高专农林牧渔大类十二五规划教材

花卉生产与应用综合技能训练教程

主　编 ◎ 罗水木
副主编 ◎ 林晓红

编写者 ◎ (按姓氏笔画为序)
付小芳　肖晓梅
黄宝华　黄梓良

U0393409

厦门大学出版社 ｜ 国家一级出版社
XIAMEN UNIVERSITY PRESS ｜ 全国百佳图书出版单位

图书在版编目(CIP)数据

花卉生产与应用综合技能训练教程/罗水木主编. —厦门：厦门大学出版社，2014.11
福建省高职高专农林牧渔大类"十二五"规划教材
ISBN 978-7-5615-5308-4

Ⅰ.①花… Ⅱ.①罗… Ⅲ.①花卉-观赏园艺-高等职业教育-教材 Ⅳ.①S68

中国版本图书馆 CIP 数据核字(2014)第 272950 号

官方合作网络销售商：

厦门大学出版社出版发行

(地址:厦门市软件园二期望海路 39 号　邮编:361008)
总编办电话:0592-2182177　传真:0592-2181253
营销中心电话:0592-2184458　传真:0592-2181365
网址:http://www.xmupress.com
邮箱:xmup @ xmupress.com
三明市华光印务有限公司印刷
2014 年 11 月第 1 版　2014 年 11 月第 1 次印刷
开本:787×1092　1/16　印张:13.5
字数:328 千字　印数:1～2 000 册
定价:29.00 元
本书如有印装质量问题请直接寄承印厂调换

福建省高职高专农林牧渔大类十二五规划教材编写委员会

前 言

　　本教程旨在学生学习园林园艺专业核心课程理论的过程中,根据园林园艺行业职业岗位对人才的需要和花卉园艺师、绿化工的国家职业标准,建立以面向就业岗位需要、以岗位技能为主线,开展技能培养的课程设计理念,建立以实践为先,实践带动理论、实践贯穿整个教学过程的教学原则,实行"项目引导—任务驱动"教学模式,以工作情境为支撑,以工作结构为框架,融"教、学、做"为一体,实现专业教学与学生就业岗位最大限度的对接。

　　本教程的目标是帮助学生系统地掌握花卉生产应用的基本知识,熟练掌握本专业的关键技能和花卉园艺师所要求的核心技能,强调针对岗位的各项技能的综合运用,主要内容包括花卉栽培基础技能、花卉栽培与养护技能、花卉的绿化应用、花卉艺术、现代花卉栽培新技术、综合项目训练等。相对应的工作岗位涵盖了园林苗圃、花卉生产公司和绿化施工单位,为学生获取国家高级花卉园艺师和绿化工的职业资格证提供训练项目。

　　本书编写人员(按姓氏笔画为序):

　　付小芳　宁德职业技术学院

　　肖晓梅　福建农业职业技术学院

　　林晓红　漳州城市职业学院

　　罗水木　漳州城市职业学院

　　黄宝华　漳州职业技术学院

　　黄梓良　福建林业职业技术学院

　　由于本教程编写的内容和体例尚在探索之中,编者见识和经验不足,难免有不完善之处,敬请各院校在使用过程中提出宝贵意见,以期不断完善。

编者

2014 年 6 月

目　录

第一部分

花卉栽培基础技能篇

　　本篇主要训练常见花卉的识别,花卉栽培基质的配制,花卉上盆、翻盆和换盆,以及花卉种子的采集、调制和质量检验。

训练一　花卉识别

一、实训目标

　　1. 知识目标:掌握花卉的不同分类方法;知道温室花卉、年宵花卉、时兴切花等常见花卉的生态习性与观赏用途。
　　2. 技能目标:会看图或实物识别常见花卉。

二、实训准备

　　校内外实习基地的花卉品种(大约100种)。

三、实训内容

　　1. 按生物学性状进行分类
　　(1)草本花卉
　　茎为草本,木质化程度低,柔软、多汁、易折断的花卉。
　　①一年生花卉
　　在一年内完成其生长、发育、开花、结实直至死亡的生命周期。即春天播种,夏秋开花、结实,后枯死,故又称春播花卉,如鸡冠花、波斯菊、硫华菊、翠菊、百日草、万寿菊、孔雀草、茑萝、千日红、麦秆菊、一串红、半支莲、五色草、大花秋葵、藿香蓟、凤仙花等。
　　②二年生花卉
　　在二年内完成其生长、发育、开花、结实直至死亡的生命周期。即秋天播种,幼苗越冬,翌年春夏开花、结实,后枯死,故又称秋播花卉,如金鱼草、三色堇、桂竹香、羽衣甘蓝、金盏菊、雏菊、风铃草、须苞石竹、矮雪轮、矢车菊等。

③宿根花卉

地下部分的形态正常,不发生变态现象;地上部分表现出一年生或多年生性状。如菊花、蓍草属、紫菀属、金鸡菊、宿根天人菊、金光菊、紫松果菊、一枝黄花、蛇鞭菊、芍药、乌头、耧斗菜、铁线莲、荷苞牡丹、蜀葵、福禄考、剪秋罗、随意草、桔梗、沙参、景天三七、鸢尾属、射干、火炬花、萱草、玉簪、万年青、吉祥草、麦冬、沿阶草等。

④球根花卉

地下部分的根或茎发生变态,肥大呈球状或块状等,如郁金香、风信子、葡萄风信子、贝母、百合、绵枣儿、大花葱、铃兰、秋水仙、白芨、水仙、石蒜、葱兰、韭兰、晚香玉、唐菖蒲、球根鸢尾、火星花、番红花、美人蕉、大丽花、花毛茛、红花酢浆草等。因其形态不同,可分为以下几类:鳞茎类、球茎类、块茎类、根茎类、块根类。

⑤多年生常绿花卉

无落叶休眠现象的花卉,在北方寒冷地区栽培时必须在温室内培育,或冬季须在温室内保护越冬。

⑥水生花卉

生长在水中、沼泽地或耐水湿的花卉,常见的如荷花、睡莲、萍蓬草、芡、千屈菜、菖蒲、黄菖蒲、香蒲、水葱、凤眼莲等。

(2)木本花卉

植物茎木质化,木质部发达,枝干坚硬、难折断的多年生花卉。

①乔木类

地上部分有明显的主干,侧枝由主干发出,如白兰花、山茶等。

②灌木类

地上部分没有明显的主干,萌发丛状枝条的花卉,如牡丹、月季等。

③藤木类

植物茎木质化,长而细弱,不能直立,如络石等。

(3)多肉、多浆植物

植物茎变态为肥厚能贮存水分、营养的掌状、球状及棱柱状;叶变态为针刺状或厚叶状,常见的有:仙人掌科的仙人球、昙花,大戟科的虎刺梅,番杏科的松叶菊等。

2. 按观赏部位进行分类

按花卉可观赏的花、叶、果、茎等器官进行分类。

(1)观花类

以观花为主的花卉,欣赏其色、香、姿、韵,如虞美人、菊花、荷花、霞草、飞燕草、晚香玉等。

(2)观叶类

观叶为主,花卉的叶形奇特,或带彩色条斑,富于变化,具有很高的观赏价值,如龟背竹、花叶芋、彩叶草、五色草、蔓绿绒、旱伞草、蕨类等。

(3)观果类

植株的果实形态奇特、艳丽悦目,挂果时间长且果实干净,可供观赏,如五色椒、金银茄、冬珊瑚、金橘、佛手、乳茄、唐棉等。

（4）观茎类

这类花卉的茎、分枝常发生变态,婀娜多姿,具有独特的观赏价值,如仙人掌类、竹节蓼、文竹、光棍树等。

（5）观芽类

主要观赏其肥大的叶芽或花芽,如结香、银芽柳等。

（6）其他

有些花卉的其他部位或器官具有观赏价值,如马蹄莲观赏其色彩美丽、形态奇特的苞片,海葱则观赏其硕大的绿色鳞茎等。

3. 按开花季节进行分类

此分类根据长江中下游地区的气候特点,从传统的二十四节气的四季划分法出发,依据诸多花卉开花的盛花期进行分类。

（1）春季花卉

指 2—4 月期间盛开的花卉,如金盏菊、虞美人、郁金香、花毛茛、风信子、水仙等。

（2）夏季花卉

指 5—7 月期间盛开的花卉,如凤仙花、金鱼草、荷花、火星花、芍药、石竹等。

（3）秋季花卉

指在 8—10 月期间盛开的花卉,如一串红、菊花、万寿菊、石蒜、翠菊、大丽花等。

（4）冬季花卉

指在 11 月至翌年 1 月期间开花的花卉。因冬季严寒,长江中下游地区露地栽培的花卉能开花盛放的种类稀少,常用观叶花卉取代,如羽衣甘蓝、红叶甜菜等。温室内开花的有多花报春、鹤望兰等。

4. 按栽培方式进行分类

（1）切花栽培

生产周期短,见效快,规模生产,能周年生产供应鲜花。

（2）盆花栽培

运用栽培于花盆的生产方式,是国内花卉生产栽培的主要部分。

（3）露地栽培

运用种子播种的露天栽培方式。

（4）促成栽培

为满足花卉观赏的需要,运用人为技术手段提前开花的生产方式。

（5）抑制栽培

为满足花卉观赏的需要,运用人为技术手段延迟开花的生产方式。

（6）无土栽培

运用营养液、水、基质代替土壤的生产方式。

四、实训步骤

教师现场讲解,指导学生学习,学生课外复习。

1. 教师现场教学讲解每种花卉的名称、科属、生态习性、繁殖方法和观赏用途,学生做好记录。

2. 学生分组进行课外活动,复习花卉名称、科属及生态习性、繁殖方法、栽培要点、观赏用途。

五、思考与练习

1. 填表记录所识别的各种花卉。(表格可以增加)

表 1-1　花卉观察记录表

中文名	科	属	形态特征	花期	观赏特性	栽培方式	生态习性

训练二　花卉栽培基质的配制

一、实训目标

1. 知识目标:熟悉培养土的要求和特点。盆栽用土因容积有限,花卉的根系生长受到限制,因此要求培养土必须含有足够的营养成分,具有良好的物理结构,疏松通气,酸碱度适中,含有丰富的腐殖质等。

2. 技能目标:掌握培养土的配制技术及培养土的消毒技术。花卉种类繁多,生态习性各异,对栽培基质的要求也各不相同。通过实验,要求了解各类(或各种)花卉常见的栽培用土,掌握一般培养土的配制及消毒方法。

二、实训原理

培养土总体要求:疏松,通透性好;排水性、透气性好;保水保肥性能好;酸碱度适宜;能有效防止有害微生物滋生和侵入。

三、实训准备

1. 材料:园土、落叶、厩肥、人粪尿、河沙、堆肥土、泥炭、蛭石、珍珠岩、谷壳、水藓、椰子纤维(椰糠)、骨粉、砻糠灰、塘泥、针叶土、有机肥等。

2. 用具：锄头、铁锹、筐、筛子、花盆、喷壶等。

四、实训内容

(一)常用于配制培养土的配料识别

1. 堆肥土：由动物粪便、化肥、秸秆等混合发酵腐熟而成，其特点是肥沃，结构疏松，透气、保肥保水、排水性好。

2. 腐叶土：秋季收集落叶、杂草，与土壤分层堆积，发酵腐熟后的腐物土。腐叶土具有丰富的腐殖质，疏松肥沃，排水性能良好，具有较好的保水保肥能力。

3. 田园土：为菜园中或者田园耕作地的表层熟化的壤质土。这类土料物理性状结构疏松，透气、保肥、保水、排水效果好，是配制培养土的主要土料。因地区不同，土壤酸碱度有差异。

4. 砂土：河砂是旧河床被冲刷的冲积土，面砂是河床两岸的风积土。这两种土料通气透水，不含肥力，洁净。土壤酸碱度中性。春季土温上升快，宜于发芽出苗，保肥力差，易受干旱。常作扦插苗床或栽培仙人掌和多浆植物使用。

5. 塘泥：池塘中的沉积土。塘泥中有机质丰富，秋冬挖出经晾晒分化后作为配制培养土使用。

6. 腐木屑：由锯末堆制发酵而成的腐物土，其特点是疏松，保水、排水较好，含腐殖质。

7. 泥炭土：为古代沼生植物埋藏地下而分解不完全的有机物腐物土。这类土风干后呈褐色或黑褐色，pH 在 5～6 之间，质地松软，持水能力强，有机质含量高，可配制重量轻、质量好、不带病虫害的各种培养土。

8. 山泥：质地轻，pH 为 6.0～6.5。用于栽培杜鹃、茉莉、栀子、瑞香、地生兰等喜酸性花卉。

(二)常用培养土的配制

1. 常用盆栽用土配制方法（按体积计）

田园土 6 份＋腐叶土 8 份＋砂土 6 份＋骨粉 1 份（或泥炭 12 份＋黄砂 8 份＋骨粉 1 份等）。

2. 各类花卉培养土的配制

一般草花类：腐叶土（或堆肥土）2 份＋田园土 3 份＋砻糠灰 1 份；

月季类：堆肥土 1 份＋田园土 1 份；

一般宿根类：堆肥土 2 份＋田园土 2 份＋草木灰 1 份＋细砂 1 份；

多浆植物类：腐叶土 2 份＋田园土 1 份＋河砂 1 份。

3. 不同用途培养土的配制

(1)扦插介质：珍珠岩 1 份＋蛭石 1 份＋河砂 1 份（或壤土 2 份＋泥炭 1 份＋砂 1 份），每 100 L 另加过磷酸钙 117 g，生石灰 58 g。

(2)育苗介质：泥炭 1 份＋砻糠灰 2 份（或泥炭 1 份＋珍珠岩 1 份＋蛭石 1 份）。

(3)假植及定植用土：腐叶土 4 份＋河砂 2 份＋田园土 4 份（或腐叶土 4 份＋河砂 1 份

＋田园土 5 份）。

以上培养土配制混合均匀后需调节酸碱度（一般 pH 值为 6.0 左右），以满足不同花卉对培养土 pH 值的要求。

(三)培养土的消毒

1. 烈日暴晒法。将培养土放在水泥地板上让烈日暴晒 2～3 d,可杀死病菌与虫卵。

2. 福尔马林消毒法。每立方米培养土用体积分数为 40％福尔马林 50 倍液 400～500 mL 喷洒,翻拌均匀堆上,用塑料薄膜闭封 48 h。

3. 高锰酸钾消毒法。对花卉播种扦插的苗床上,在翻土做床整地后,用质量分数为 0.1％～0.5％高锰酸钾溶液浇透,用薄膜盖闷土 2～3 d,可杀死土中的病菌,防止腐烂病、立枯病。

五、实训步骤

1. 熟悉各类土料,将各类土料粉碎、过筛后备用。
2. 按比例要求配制草花培养土、观叶植物培养土、杜鹃花培养土、宿根花卉培养土。
3. 培养土酸碱度测定。
4. 培养土的药物消毒。

六、思考与练习

1. 自制表格填写堆肥土、腐叶土、草皮土、针叶土、泥炭土、砂土等类栽培用土的形成特点、通透性、养分含量、腐殖质、酸碱度等。
2. 配制不同种类、不同用途培养土的依据是什么？

训练三　花卉上盆、翻盆和换盆

一、实训目标

1. 知识目标:掌握花卉盆栽的方法;盆栽花卉浇水施肥技术。
2. 技能目标:掌握上盆、翻盆和换盆的技术。

二、实训准备

1. 材料:花苗、花盆、培养土、枝剪、刀片、复合肥。
2. 用具:喷壶、移植铲、碎盆片。

三、实训内容

(一)上盆

1. 选壮苗:选根系发达、枝叶完整、茎粗、节短、着色深、叶厚、坚挺、色泽浓的花苗。

2. 选花盆:根据花苗大小、种类选择花盆尺寸、质地。大苗选大盆,小苗选小盆。泥瓦盆、塑料盆、瓷盆等均可。

3. 起苗上盆:先将花盆底部排水孔用瓦片等盖上,然后填一层粗土至花盆总体积的1/3左右,再填一层细土,将花苗立于花盆中央,保持根系完全伸展。左手扶苗,从四周继续填土至距盆口2～3 cm后,双手将花苗茎基周围的土压实后浇透水,置阴凉处缓苗。

(二)换盆

随着花卉植株逐渐长大,需要将花卉从小盆移到较大的盆,这个过程叫作换盆。

1. 换盆的原因

(1)根多盆小:随着花卉植株生长,根系不断扩散,逐渐充满盆体。由于盆中土壤有限,水分和养分不足,难以满足花卉生长的需要。这时必须调换大一号的花盆。

(2)根系发生病害:由于花卉植株根部受到病害,需要取出来洗根,消毒治病。

(3)盆中土质变劣:由于盆土板结、物理性质变坏、排水透气不良、土中含氧气贫乏、养分不足等原因,需要换盆。

2. 时间:春、秋、雨季(常绿花卉);温室一年四季均可。

3. 方法:固基(左手)—倒盆—轻扣(右手)—取土球—刮旧土、修根—分株栽植。如图1-1:

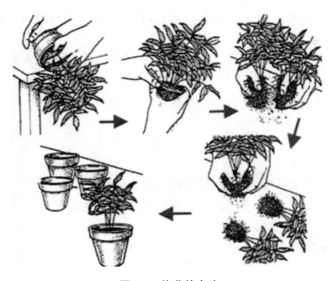

图1-1 换盆的方法

4. 换盆后管理:第一次水浇透,保持湿润,缓苗数日(阴凉处管理)。

(三)转盆

由于室内光线不均匀而引起植物的向光性生长,需要经常转换花盆,防止植物单向生长。转盆还可防止根系长出排水孔(或入土)。

(四)松盆土

使用花铲、小铁耙疏松盆土,以防土壤板结,结合除草进行。

(五)浇水施肥技术

1. 施肥
(1)时期:发芽期、开花前、开花后。
(2)方式:
①根施(土壤施肥):基肥、追肥;
②叶面施肥。
使用浓度:有机液浓度为5%;化肥浓度≤0.3%;微肥浓度≤0.05%。
2. 浇水
①找水:对个别缺水花卉进行单独浇水。
②放水:指在花卉生长旺季加大浇水量。
③勒水:对水分过多的盆花停止浇水。
④扣水:指少浇水或不浇水。

四、实训步骤

1. 上盆:盆底平垫瓦片,下铺一层粗粒河砂,再加培养土,添加基肥,苗立中央,加盆土至离盆口5 cm处,留出浇水空间。栽苗后浇透水。
2. 翻盆:花苗虽未长大,但因盆土板结,养分不足等原因,须将花苗脱出,修整根系重换培养土,增施基肥。
3. 换盆:花苗生长了一段时间以后,植株长大,须将花苗脱出换栽入较大的花盆。

五、实验要求

1. 结合花圃生产,每人参与1~2种花卉的上盆操作。
2. 结合生产,每人参与1~3种多年生花卉换盆、翻盆实践。

六、思考与练习

总结上盆、翻盆的操作要点有哪些?将上盆、换盆、翻盆的方法、步骤整理成书面报告。

训练四　园林树木种子的采集和调制

一、实训目标

通过本实训,掌握园林苗圃中常用树种的种实调制方法。

二、实训准备

1. 材料:降香黄檀、九里香、双荚槐、假连翘、银合欢、南洋楹、羊蹄甲等的种子。
2. 用具:采种钩、采种刀、采种袋、种子调制锤、筛子、调制箱、干燥箱、种子瓶等。

三、实训内容

种实的脱粒、净种、干燥和分级。

四、实训步骤

(一)种子成熟度鉴别

1. 形态:未成熟的园林树木种实多为淡绿色,成熟过程中逐渐发生变化。其中球果类多变成黄褐色或黄绿色。干果类成熟后则多转变成棕色、褐色或灰褐色。槭、白榆、白蜡和马褂木等树木的种实,成熟时由绿色变成棕色或灰黄色。肉质种实颜色变化较大,如黄波罗种实变成黑色,红瑞木种实变成白色,小檗和山茱萸种实变成红色,而银杏种实则变成黄色或橘黄色。

2. 色泽:种实成熟过程中,果皮也有明显的变化。肉质果类在成熟时果皮含水量增高,果皮变软,肉质化。干果类及球果类在成熟时果皮水分蒸发,发生木质化,变得致密坚硬。种皮的色泽变化很大,且与种子成熟度有密切关系。多数情况下,成熟种子种皮色深而具有较明显的光泽;未成熟种子,则色浅而缺少光泽。

3. 气味:种子成熟时,多数树种的果实酸味减少,涩味消失,果实变甜。

(二)种子的采摘

在采集前,对采种母株要进行鉴别与选择,以保证所采种子符合要求。采种母株经技术员或有关专家鉴别后,作好标记,建立档案。采种母株要处于结实盛期且结实正常,生长健壮,无病虫害,树形丰满,位于阳坡或半阳坡。不要在贫瘠的土地上或阴坡选择采种母株,也不要选择结果初期树和孤立分散生长的树作采种母株。采种应尽量在丰年进行。

方法:地面收集、母树上采收、伐倒木上收集、水面上收集等。

(三)种子的调制

为了获得纯净的优良种子,对采集的种实要适期进行合理调制,避免发热、变霉,种子质量降低。调制的主要内容有脱粒、净种、干燥、分级等。

1. 脱粒:破碎水洗法、干燥敲击法。

2. 净种:清除种实中的鳞片、果屑、枝叶、空粒、碎片、土块、异类种子等夹杂物,提高种子净度。净种的方法有:风选、筛选、水选和粒选。

3. 干燥:采用日晒法或阴干法,使种子达到种子安全含水量。

4. 分级:种子分级一般用筛选的方法,即用眼孔大小不同的筛子由小到大或由大到小逐级筛选。大粒种子,可用粒选法分级。

(四)种子登记

填写种子登记表(如表1-2)。

(五)种子贮藏

干燥贮藏(种子瓶装、袋装)、沙藏等。

五、实训报告

完成实训报告一份,内容包括:实训目的、方法、注意事项,林木种子采集登记表等。

表1-2　林木采种登记表

1. 树种(中名及学名)＿＿＿＿＿＿＿＿＿＿＿＿＿＿＿＿＿＿＿＿＿＿＿＿＿＿
2. 采种地点(县、乡、小地名)＿＿＿＿＿＿＿＿＿＿＿＿＿＿＿＿＿＿＿＿＿＿＿   经度＿＿＿＿＿ 纬度＿＿＿＿＿ 海拔高度＿＿＿＿ m至＿＿＿＿ m
3. 采种林分或采种单株状况＿＿＿＿＿＿＿＿＿＿＿＿＿＿＿＿＿＿＿＿＿＿
4. 林分或单株年龄(划"○"或打"√"):□20年以下　　□20～40年生　　□40～60年生   　　　　　　　　　　　　　□60～80年生　　□80～100年生　　□100年以上
5. 采集方法＿＿＿＿＿＿＿＿＿＿＿＿＿＿＿＿＿＿＿＿＿＿＿＿＿＿＿＿＿＿
6. 采种起止日期＿＿＿年＿＿月＿＿日至＿＿＿年＿＿月＿＿日
7. 共采株数约＿＿＿＿株
8. 采集果实＿＿＿kg,容器＿＿＿件
9. 发运时果实状况＿＿＿＿＿＿＿＿＿＿＿＿＿＿＿＿＿＿＿＿＿＿＿＿＿
10. 采集工作简况＿＿＿＿＿＿＿＿＿＿＿＿＿＿＿＿＿＿＿＿＿＿＿＿＿
采种单位＿＿＿＿＿＿ 采集现场负责人(签名)＿＿＿＿＿年＿＿月＿＿日

(以下由调制单位或种子收购人填写)

1. 收到果实(收购种子)时间＿＿＿年＿＿月＿＿日

2. 收到果实(收购种子)_____kg,容器_____件

3. 收到时果实状况·_____

4. 调制工作简况_____

5. 调制种子_____kg,出种率_____%

6. 种子容器件数:麻袋_____件,聚丙烯编织袋_____件,麻袋内衬塑料袋_____件,金属桶_____件。

7. 其中_____件发往_____,发运日期_____,发运时种子含水量_____%。

调制单位_____负责人_____

种子收购单位_____收购人_____

_____年_____月_____日

注:①凡集中调制林木种子的,此表分别由采种单位和调制单位填写。

②凡分散调制林木种子的,此表由收购单位填写。

训练五　种子千粒重的测定

一、实训目标

学会测定计算种子千粒重的方法,并进一步了解种子千粒重对种子质量的影响。

二、实训准备

1. 材料:降香黄檀等种子若干。

2. 用具:电子天平、种子检验板、直尺、毛刷、镊子、放大镜、11 cm 培养器皿、盛种容器。

三、实训步骤

采用百粒法——即从纯净种子中不加选择地取出 100 粒种子为一组,重复取八组称量,并由此计算出每 1000 粒种子的重量。

(一)测定样品的选取

取纯净种子铺在种子检验板上,用十字区分法区分到所剩下的种子略大于所需量。

(二)点数和称量

从测定样品中不加选择地点数种子。点数时,将种子每 5 粒放在一堆,两个小堆合并成 10 粒的一堆,取 10 个小堆合并成 100 粒,组成一组。用同样方法取第二组,第三组……直

至第八组。即为八次重复,分别称各组的重量,记入种子千粒重测定记录表。各重复称量精度同净度测定时的精度。

(三)计算千粒重

根据八个重量的称量读数求八个组的平均重量($\overline{X}$),然后计算标准差(S)及变异系数(C)公式如下:

$$标准差(S) = \sqrt{\frac{n(\sum X^2) - (\sum X)^2}{n(n-1)}}$$

式中:X—— 各重复组的重量(g)

n—— 重复次数

$\sum$—— 总和

$$变异系数(C) = \frac{S}{\overline{X}} \times 100$$

式中:$\overline{X}$=100 粒种子的平均重量(g)。

通过测定和计算,如果种粒大小悬殊的种子的变异系数不超过 6.0,一般种子的变异系数不超过 4.0,则可按测定结果计算千粒重。如果变异系数超过这些限度,应再数取八个重复,称重,并计算十六个重复的标准差。凡与平均数相差超过 2 倍标准差的各重复,均略去不计。将八个或八个以上的 100 粒种子的平均重量乘以 10(即 $10 \times \overline{X}$)即为种子千粒重,其精度要求与称量相同。

四、实训报告

将种子千粒重的测定结果分别填入规定的表格内(表 1-3)。

表 1-3 种子千粒重测定记录表(百粒法)

树种:

组 号	1	2	3	4	5	6	7	8	备 注
X(g)									
X^2									
$\sum X^2$									
$\sum X$									
$(\sum X)^2$									
标准差 S									
$\overline{X}$									
变异系数 C									
千粒重($10 \times \overline{X}$)									

续表

组　号	9	10	11	12	13	14	15	16	备　注
$X(g)$									
X^2									
$\sum X^2$									
$\sum X$									
$(\sum X)^2$									
标准差 S_{16}									
$\overline{X}_{16}$									
千粒重$(10 \times \overline{X}_n)$									

检验员　　　　　测定日期　　　　年　　　月　　　日

五、思考与作业

写出实验报告。

训练六　种子发芽率的测定

一、实训目标

掌握种子发芽率的测定方法。

二、实训内容

测定园林树木种子发芽率。

三、实训准备

1. 材料:降香黄檀等发芽时间较短的种子。
2. 用具:玻璃棒、种子瓶、烧杯、量筒、镊子、培养皿、蒸馏水等。

四、实训步骤

从样品中随机取出纯净种子,进行消毒、浸种后,将种子整齐地排列在4个培养皿中,分别编号,每个培养皿中 25 粒种子。放入培养箱中,保持种子发芽所需的水分和湿度,以种子幼根伸出种皮外的长度大于种子长度的一半时为发芽,以连续两天检不出发芽的种子为实验结束的标志。

按公式分别计算出四组种子的发芽率:

$$F(\%) = L_1/L_0 \times 100\%$$

式中:F——种子发芽率(%)

L_0——供检种子粒数

L_1——供检种子发芽粒数

最后求出平均发芽率。

五、实训报告

记录实验结果和实验报告一份。

训练七　种子生活力的测定(TTC 法)

一、实训目标

学会应用种子品质指标检验种子的优劣,掌握种子生活力测定方法,掌握计算种子生活力的方法。

二、实验原理

凡有生命活力的种子胚部,在呼吸作用过程中都有氧化还原反应,在呼吸代谢途径中由脱氢酶催化所脱下来的氢可以将无色的四唑氮(TTC)还原为红色、不溶性三苯基甲腙(TTCH 或 TTF),而且种子的生活力越强,代谢活动越旺盛,被染成红色的程度越深。死亡的种子由于没有呼吸作用,因而不会将 TTC 还原为红色。种胚生活力衰退或部分丧失生活力,则染色较浅或局部被染色。因此,可以根据种胚染色的部位以及染色的深浅程度来判定种子的生活力。

三、实验准备

1. 材料:降香黄檀等种子。

2. 试剂:0.5% TTC 溶液,称取 1 g TTC 放在烧杯中,加入少许 95% 乙醇使其溶解,然后用蒸馏水稀释至 200 mL。溶液避光保存,若变红色,则不能再用。

3. 仪器设备:恒温箱、培养皿、刀片、烧杯、镊子、天平。

四、实验步骤

1. 浸种:将待测种子在 30～35 ℃温水中浸种 2 h,以增强种胚的呼吸作用。

2. 显色:取吸胀的种子 100 粒,用刀片沿种子胚的中心线纵切为两半,将其中的一半置于 2 只培养皿中,每皿 100 个半粒,加入适量的 0.5% TTC 溶液,以浸没种子为度。然后置于 30 ℃恒温箱中 1 h。观察结果,凡胚被染为红色的是活种子。

将另一半在沸水中煮 5 min 以杀死胚,作同样染色处理,作为对照观察。

3. 种子染色观察与记数:计算活种子的百分率,并与实际发芽率作比较,看是否相符。

五、实训报告

记录实验结果和实验报告一份。

第二部分

花卉栽培与养护技能篇

训练一　草本花卉的播种繁殖

一、实训目标

学会草本花卉播种繁殖的操作技术,掌握其操作方法。

二、实训原理

种子在适宜的水分、温度、氧气(少数种子还需一定的光照)等条件下可萌发形成幼苗。

三、实训准备

1. 材料:碎瓦片、培养土、三色堇、一串红、非洲凤仙、金盏菊、矮牵牛、孔雀草、金鱼草、石竹、金鸡菊等花卉种子若干。
2. 用具:各式播种花盆、筛子、水桶、花铲、剪刀、喷壶、挂签、标牌、记号笔等。

四、实训步骤

1. 播种用土准备:按第一部分训练二"花卉栽培基质的配制"配制好播种用的营养土。
2. 用碎盆片把盆底排水孔盖上,填入 1/3 碎盆或粗沙砾,其上填入筛出的粗粒混合土,厚约 1/3,最上层为播种用土,厚约 1/3。
3. 盆土填入后,用木条将土面压实刮平,使土面距盆沿约 2～3 cm。
4. 用"浸盆法"将浅盆下部浸入较大的水盆或水池中,使土面位于盆外水面以上,待土壤浸湿后,将盆提出,过多的水分渗出后,即可播种。在干旱季节亦可先在播种前充分浇水,待水分渗入土中后,再播种覆土。如此可保持土壤湿润时间较长,又可避免多次灌水致使土面板结。

5. 播种方式。

（1）撒播法：细小种子宜采用撒播法。若种粒太小，可混入一些草木灰、细砂或细土一起撒播，可防止播种太密。撒播时，将手贴近土面，将种子均匀撒在苗床上或盆里。此法播种出苗率高，但由于幼苗拥挤，光照不足，易造成徒长。

（2）条播法：品种较多而种子数量较少时采用条播法。多用于浅盘播种或温床播种。条播时，先开沟或用三角形大木条在盆、箱上面压出条沟，行距 20～25 cm，沟向与畦向垂直，然后于沟内播种。用此法播种，幼苗光照充足，生长健壮，但出苗量不及撒播法。

（3）点播法：大粒种子或种子数量少时采用点播法。按一定株行距开穴，一般行距 15～25 cm，株距 10 cm，每穴播种 1 粒或 2～4 粒。用此法播种，幼苗生长最为健壮，但出苗量最少。

6. 播后用细筛筛过的土覆盖，以不见种子为度，一般播种深度为种子直径的 2～3 倍。覆土后在盆面上盖玻璃或报纸等，以减少水分蒸发，并置于室内阴处。

7. 播后管理。

将播种盆置于阴处，保持盆土湿润，干燥时用浸盆法给水，早晚将覆盖物打开数分钟，以便通风透气。幼苗出土后除去覆盖物，逐渐移到向阳处养护。

当幼苗长到 4～5 片真叶时，要进行第一次分苗，分苗前首先按照田园土∶腐叶土∶有机肥为 4∶2∶2 的比例配制营养土，然后进行分苗，小苗可被分到温室畦内或花盆中。将营养土均匀摊入畦内或装入花盆，分苗时要根据花卉种类的不同确定适宜的株行距或每盆内的栽植株数，另外要注意保护幼苗的根系不受伤害，分苗后要注意加强水分管理，确保幼苗成活。某些花卉还要进行第二次分苗，具体注意事项同第一次分苗。

五、注意事项

1. 混合土主要是保证良好的土壤性能，所用的壤土酸碱性应为中性，砂则为不含碳、淤泥、贝壳等夹杂物的清洁河砂。

2. 播种时期依不同花卉种类和市场需要而定，但必须保证良好的萌发条件。如温度为 20～30 ℃，水分 70% 左右，喜光种子最好用玻璃覆盖。

3. 种子播种应精选。若用 15% 甲醛消毒，消毒后应用清水冲洗干净。有些种子需要浸种催芽。

六、思考与练习

1. 比较地播与盆播花卉技术要领及适用对象。

2. 种子繁殖适用于哪些花卉？有何优缺点？

3. 观察种子出苗情况。按播种期、出苗期、第一片真叶出现期、分苗期等时期记载，完成实训报告。

训练二　花卉的分生繁殖

一、实训目标

分生繁殖是多年生草本花卉主要的繁殖方式之一。通过实训,掌握分生繁殖的类型、原理及基本方法。

二、实训原理

分生繁殖是植物营养繁殖方式之一,是人为地将植物体分生出来的幼植物体(如吸芽、珠芽等),或者是植物营养器官的一部分(如走茎及变态茎等)与母株分离或分割,另行栽植而形成独立生活的新植株。一些植物本身就具有自然分生能力,并借以繁殖后代。

三、实训准备

1. 材料:萱草、虎尾兰、吊兰、大丽花、唐菖蒲、美人蕉或晚香玉等。
2. 用具:枝剪、培养土、浇水壶、花盆、小土铲等。

四、实训步骤

(一)分株(以萱草或虎尾兰为例)

1. 将待分株的植物从盆中取出,用枝剪剪去枯、残、病、老根,并抖落部分附土。
2. 将根际发生的萌蘖与母株分开,并作适当修剪。
3. 按新植株的大小选用相应规模的花盆,用碎盆片盖于盆底的排水孔上,将凹面向下,盆底用粗粒或碎砖块等形成一层排水物,上面再填入一层培养土,以待植苗。
4. 用左手拿苗放于盆口中央深浅适当位置,填培养土于苗根的四周,用手指压紧,土面与盆口应留适当距离,土面中间高,靠盆沿低。
5. 栽植完毕后,用喷壶充分喷水,置阴处数日缓苗,待苗恢复生长后,逐渐放于光照充足处。

(二)分球(以大丽花为例)

取出贮藏的块根,将每一块根及附着生于根颈上的芽一起切割下来,(可在切口处涂草木灰防腐),另行栽植。若为根颈部发芽少的品种,可每2～3条块根带一个芽切割。栽完后浇水,进行常规管理。

五、注意事项

1. 分生繁殖一般于休眠期进行。

2. 新植株不宜过小，以免影响开花。

3. 分离植株时要小心操作，以免伤及植株茎、叶；分株时注意保留块根上的发芽点，若发芽点不明显，可先于温室催芽。

4. 新栽植时尽量避免窝根。

六、思考与作业

1. 如何确定分生繁殖时间？

2. 分生繁殖还有哪几种形式？举例说明。

3. 按下表（表2-1、表2-2）记录实验内容。

4. 分述球根花卉、宿根花卉繁殖形式与代表种类，并举例说明。

表2-1　球根花卉繁殖记录表

花卉名称	栽植日期	收获日期	种植球根(个)	收获球根(个)	平均繁殖数(个)

表2-2　分株分根记录表

种类名称	分株分根日期	分株分根数(丛)	成活数(丛)	成活率(%)

训练三　花卉的扦插繁殖

一、实训目标

通过实训，掌握花卉扦插繁殖的原理和主要技术要点。

二、实训原理

利用植物营养器官的再生能力,能发生不定芽或不定根的习性,切取其茎、叶、根的一部分,插入砂或其他基质中,使其生根或发芽成为新植株的繁殖方法。

三、实训准备

1. 植物材料:菊花、虎尾兰、豆瓣绿、秋海棠、景天类等。
2. 用具:全光喷雾设施、繁殖床、砂、剪刀或小刀等。
3. 植物激素:NAA、2,4-D、IBA 等。

四、实训步骤

依选材不同,扦插的种类及方法不同。

(一)茎插(以菊花为例)

1. 选合适的菊花母株,用小刀或剪刀截取长 5～10 cm 的枝梢部分为插穗;切口平剪且光滑,位置靠近节下方。
2. 去掉插穗部分叶片,保留枝顶 2～4 片叶子。
3. 整理繁殖床,要求平整、无杂质,土壤含水量 50%～60%左右。
4. 将插穗基部浸泡适当浓度的植物激素后插入砂床中 2～3 cm。
5. 打开喷雾龙头,以保证其空气及土壤湿度。
6. 给予合适的生根环境。

(二)叶插

1. 全叶插

以豆瓣绿为材料。以完整叶片为插穗,将叶柄插入砂中,叶片立于砂面上,叶柄基部即发生不定芽(直插法)。

以秋海棠为材料。切去叶柄,按主脉分布,分切为数块,将叶片平铺于砂面上,以铁针或竹针固定于砂面上,下面与砂面紧接,可自叶片基部或叶脉处产生植株(平置法)。

2. 片叶插

以虎尾兰为材料。将一个叶片分切为数块,分别扦插,使每块叶片上形成不定芽和不定根。将叶片横切成 5 cm 左右小段,将下端基部浸泡适当浓度的植物激素后插入砂中。注意上下端不可颠倒。

五、注意事项

1. 选取的插穗以老嫩适中为宜,过于柔嫩易腐烂,过老则生根缓慢。

2. 母本应生长强健、苗龄较小,生根率较高。

3. 扦插最适时期在春夏之交。

4. 适宜的生根环境为:温度 20～25 ℃;基质温度稍高于气温 3～6 ℃;土壤含水量 50％～60％;空气湿度 80％～90％;扦插初期,忌光照太强,适当遮阴。

六、思考与作业

1. 软枝扦插如何保留叶片? 为什么?

2. 其他扦插方法还有哪些? 举例说明。

3. 按表 2-3 记录实验结果。

表 2-3　扦插记录表

种类名称	扦插日期	扦插株数	应用激素浓度及处理时间	插条生根情况			生长株数	成活率(％)	未成活原因
				生根部位	生根数	平均根长			

训练四　硬枝扦插育苗

一、实训目标

进一步理解扦插育苗的原理,掌握选条、剪穗和扦插技术;扦插后观察记载,了解扦插苗的生根、抽芽和生长发育规律。

二、实训内容

进行扦插育苗现场教学。

三、实训准备

1. 材料:选乔、灌木及针叶树种若干种(插条);萘乙酸或 IBA 等药品;扦插基质。

2. 用具:枝剪、铲、锄、喷壶或喷雾器等。

四、实训步骤

1. 选条和剪穗

（1）选条

依扦插成活的原理，应选用幼年树上的 1～2 年生枝条或萌生条。

选择健壮、无病虫害且粗壮含营养物质多的枝条。落叶树种在秋季落叶后至翌春发芽前采条（落叶或开始落叶时剪取最宜）；常绿树插条应于春季萌芽前采集，随采随插。

（2）剪穗

落叶阔叶树应先剪去梢端过细及基部无芽部分，用中段截制插穗。插穗长 15～20 cm，粗 0.5～2 cm，具有 2～3 个以上的饱满芽。上切口距第一芽 1 cm 左右处剪平，剪口要平滑；下切口在芽下 0.5 cm 处平剪或斜剪，插穗上的芽应全部保留。常绿阔叶树的插穗长 10～25 cm，并剪去下部叶片，保留上端 1～3 节的叶片，或每片剪去 1/3～1/2。针叶树的插穗，仅选枝条顶端部分，应剪成 10～15 cm 长（粗度 0.3 cm 以上），并保留梢端的枝叶。

2. 贮藏

秋采春插的穗条应挖沟层积贮藏，堆积层数不宜过高，2～3 层为宜。亦可窖藏或于插条两端蜡封置低温室内贮藏。

3. 扦插

落叶阔叶树种若插穗较长，且土壤黏重湿润可以斜插；插穗较短、土壤疏松宜直插。常绿树种宜直插。扦插的深度为插穗的 1/3～1/2，在干旱地区和砂地插床也可将插穗全部插入土中，插穗上端与地面平，并用土覆盖。扦插时避免擦破插穗上的芽或皮，可先用扦插棒插洞后再插入插穗。

4. 插后管理

垄插苗要连续灌水 2～3 次，要小水漫灌，不可使水漫过垄顶。灌水后要及时中耕。待插条大部分发芽出土之后，要经常检查未发芽的插条，如发现第一芽已坏，则应扒开土面，促使第二个芽出苗。床插苗，因有塑料薄膜覆盖，可每隔 5～7 d 灌水一次。灌水后松土。要经常检查床内温、湿度，必要时进行降温、遮阴。

五、实训报告

1. 说明采条的最佳时期和选条标准。
2. 简述提高扦插成活率的措施。
3. 填写扦插育苗生长记录表

表 2-4　扦插育苗生长记录表

观察日期	生长日期	苗高	径粗	放叶情况		生根情况	
				开始放叶日期	放叶插条数	开始生根日期	生根插条数

训练五 花卉的嫁接育苗

一、实训目标

进一步理解嫁接育苗的原理,掌握园林树木芽接和枝接技术;嫁接后要定期检查管理,以了解嫁接苗愈合成活和生长发育规律。

二、实训原理

接穗嫁接到砧木上后,在接穗、砧木的削面,由死细胞的残留物形成一层褐色的隔膜,之后在愈伤激素的刺激下,伤口周围细胞和形成层细胞分裂旺盛,并使褐色隔膜破裂,形成愈伤组织。愈伤组织不断增加,直至填满砧穗间的空隙,砧穗愈伤组织的薄壁细胞相互联接,将两者的形成层联接起来,愈伤组织不断分化,向内形成新的木质部,向外形成新的韧皮部,使导管和筛管也相互沟通,砧穗就结合为统一体,形成新的植株。

三、实训准备

1. 材料:接穗(如月季等)和砧木(如野蔷薇等)若干种。
2. 用具:枝剪、芽接刀、切接刀、劈接刀、修枝刀、容器、塑料条等。

四、实训步骤

1. 芽接法

芽接可在春、夏、秋季进行,以夏、秋季为主,要求皮层容易剥离,接芽发育充实饱满,砧木达到一定粗度。

(1)"T"字形芽接

削穗:左手拿穗,右手拿嫁接刀,选接穗上的饱满芽,先在芽的上方0.5 cm处横切一刀,深达木质部,横切刀口长0.8 cm左右,再在芽的下方1～1.5 cm处向上斜削一刀,由浅到深,直至与芽上的横切口相交。然后用右手抠出盾形芽片,注意防止撕去芽片内侧的维管束。

切砧木:在砧木距地面5～6 cm处,选择光滑处横切一刀,切口略宽于芽片的宽度,深达木质部,在横切口处的中间向下竖切一刀,长1～1.5 cm。

接合与绑缚:用刀将砧木皮层轻轻挑开,把芽插入"T"切口内,使芽片的横切口与砧的横切口对齐按实,然后用塑料条在上方扎紧一道,再在芽的下方捆紧一道,然后捆几道,系活扣,注意露出叶柄,露芽不露芽均可。

（2）嵌芽接

削芽片：先在芽的上方 0.8～1 cm 处向下斜切一刀，长约 1.5 cm，然后在芽的下方 0.5～0.7 cm 处斜切成 30°角与第一切口的切口相接，取下带木质部的芽片，芽片长 1.5～2 cm。

切砧木：按照芽片的大小，相应地在砧木上由上而下切一切口，切口的长度略长于芽片。

接合与绑缚：将芽片插入砧木切口中层，以利愈合，然后用塑料条捆紧。

2. 枝接法

只要条件具备，一年四季都可进行枝接，以春季萌芽前后至展叶期进行较普遍，尤其是砧木粗大、砧穗均不易离皮。根接、室内嫁接或大树高接时多采用枝接。

（1）切接

适合于根颈粗度在 1～2 cm 的砧木。

削接穗：通常接穗长为 5～8 cm，具 2～3 个芽，把接穗下部削成一长一短两削面。先略斜切长削面，长 3 cm 左右，再对其背面斜切长 1 cm 左右短削面，削面应平滑。

切砧木：在距地面 3～5 cm 处选择平整光滑处剪断砧木，由切面边缘稍带木质部向下纵切，切口宽度与接穗直径相当，一般深 2～3 cm，与接穗长削面相对应。

接合与绑缚：将接穗长削面向里插入砧木切口中，使砧穗形成层对齐，如不能两边都对齐，则应对齐一边，然后用塑料条捆紧。捆的过程中注意不要碰动接穗。

（2）劈接

砧木较粗时可用劈接。

削接穗：将接穗基部削成两个对称削面的楔形削口，长 3 cm 左右，要求平直光滑，接穗的外侧稍厚于内侧。

切砧木：将砧木在嫁接部位（要求表面光滑、纹理通直）剪断或锯断，削平切面，用刀在截面中心垂直劈开，深度应略长于接穗削面长度。

接合与绑缚：把砧木切口撬开，将接穗插入，使接穗较厚的一侧在外，并使砧木与接穗的形成层对齐，接穗削面上应略露出（俗称"露白"），以使砧穗的形成层有较大的接触面，随后抽去刀，用塑料条捆紧包严。砧木较粗时可同时接两个或多个接穗。

（3）插皮接（皮下接）

砧木较粗、皮层厚且易离皮时可用插皮接。

削接穗：在接穗基部与顶端芽的同侧削成单面舌状削面，长 3 cm 左右，在其对面去掉 0.2～0.3 cm 的皮层。

切砧木及嫁接：截去砧木上部，用与接穗切削面近似的竹签自形成层处垂直插下。取出竹签，插入削好的接穗，接穗削面应微露出，以利愈合，用塑料条捆紧包严。

（4）舌接

常用于葡萄的嫁接，一般适用于 1 cm 左右的砧木，并且砧穗的粗细大致相等。

削接穗：在接穗的下芽的背面削成约 3 cm 长的斜面，然后，在削面由下往上 1/3 处，顺着枝条往上劈，劈口长约 1 cm，呈舌状。

切砧木及嫁接：砧木也削成 3 cm 长的斜面，削面由上往下 1/3 处，顺着枝条往上劈，劈口长约 1 cm，呈舌状，与接穗的部位相对应，把接穗的劈口插入砧木的劈口中，使砧木和接穗的舌状交叉起来，然后对准形成层，向内插紧，如果砧穗粗度不一致，形成层对准一边即可,用塑料条捆紧。

3. 清理现场

将砧木苗干等杂物清理出苗床。

4. 接后管理

抹芽、除萌。枝接通常需要接穗萌芽并有一定的生长量时才可以确定其是否成活,成活后要及时松绑捆扎物,并做好剪砧、抹芽等管理工作。

五、考核方法

每人独立完成嫁接 10～20 株苗,并负责嫁接后管理。期末时根据成活率、新梢生长量评定成绩。成活率 85％以上、生长良好为优秀等级,成活率 75％～84％、生长较好为良好等级,成活率 60％～74％、生长一般为及格等级,成活率 60％以下、生长较差为不及格。评定等级作为实习成绩考核。

六、实训报告

1. 根据操作和检查成活中的体会,简述影响芽接成活的因子有哪些?
2. 枝接 3 周后检查成活率,填表。

表 2-5　枝接成活率表

日期	接穗品种	砧木种类	枝接方法	株数	成活数	成活率

训练六　仙人掌类髓心嫁接技术

一、实训目标

掌握仙人掌类髓心嫁接技术。

二、实训准备

1. 材料:仙人掌类砧木,仙人球、蟹爪兰等接穗。

2. 用具：枝剪、芽接刀、绑绳、塑料袋等工具。

三、实训步骤

选取三棱箭（量天尺）、仙人掌、仙人球等为砧木，选彩色仙人球、蟹爪兰等为接穗。

1. 平接法。将三棱箭留根颈 10～20 cm 平截，斜削去几个棱角，将仙人球下部平切一刀，切面与砧木切口大小相近，髓心对齐平放在砧木上，用细绳绑紧固定，勿从上浇水。

2. 插接法。选仙人掌或大仙人球为砧木，上端切平，顺髓心向下切 1.5 cm。选蟹爪兰接穗，削一楔形面 1.5 cm 长，插入砧木切口中，用细绳扎紧，上套袋防水。

四、注意事项

1. 嫁接时间以春、秋为好，温度保持在 20～25 ℃时易于愈合。

2. 砧木接穗要选用健壮无病，不太老也不太幼嫩的部分。

3. 嫁接时，砧木与接穗不能萎蔫，要含水充足。如已萎蔫的接穗，必要时可在嫁接前先浸水几小时，使其充分吸水。嫁接时砧木和接穗表面要干燥。

4. 砧木接口的高低，由多种因素决定。无叶绿素的种类要高接，接穗下垂或自基部分枝的种类也要接得高些，以便于造型。鸡冠状种类也要高接。

5. 嫁接后 1 周内不浇水，保持一定的空气湿度，放到阴处，不能让日光直射。约 10 d 就可去掉绑扎线。成活后，砧木上长出的萌蘖要及时去掉，以免影响接穗的生长。

五、思考与作业

调查嫁接成活率并完成实训报告。

训练七　工厂化育苗实训

（以闽南花卉有限公司工厂化育苗为例）

一、实训目标

掌握营养土的配制及工厂化育苗的技术流程和管理技术。

二、实训内容

到闽南花卉有限公司进行工厂化育苗实训。

三、实训准备

1. 材料:种子、肥料、泥炭土、珍珠岩、蛭石。
2. 用具:育苗盘、洒水壶、铲子等。

四、实训步骤

1. 配制营养土

穴盘育苗采用的基质主要有:泥炭土、蛭石、珍珠岩以及专用基质等。用进口泥炭土与珍珠岩按 7∶3 或 6∶4 比例配置,使基质的 pH 值保持在 5.5~6.5,EC 值小于 1。

2. 选择穴盘

市场上穴盘的种类比较多,且穴盘的种类与播种机的类型又有一定的关系,因而穴盘应尽量选用市场上常见的类型,并且供应渠道要稳定。市场上一般有 72 穴、128 穴、288 穴、392 穴等类型,大小为 550 mm×280 mm。各种穴盘对应的容量为:72 穴—4.2 L,128 穴—3.2 L,288 穴—4 L,392 穴—1.6 L。所用的基质量由此可以计算出来,在实际应用中还应加上 10% 的富余量,以使基质能填满穴盘。穴盘孔数的选用与所育的品种、计划培育成品苗的大小有关。一般培育大苗用穴数少的穴盘,培育小苗则用穴数多的穴盘。为了降低生产成本,穴盘应尽量回收,并在下一次使用前进行清洗消毒。

3. 装土和置床

将营养土装入容器,挨个整齐排列成苗床。装盘时要振实营养土。

4. 播种和催芽

播种由播种生产线(精量播种机)来完成。播种生产线由混料设备、填料设备、冲穴设备、播种设备、覆土设备和喷水设备组成。条件不具备也可采用手工播种。

穴盘从生产线出来以后,应立即送到催芽室上架。催芽室内保证高湿高温的环境,一般室温为 25~30 ℃,相对湿度在 95% 以上,根据不同的品种略有不同。催芽时间大约 3~5 d,约有 6~7 成的幼芽露头时即可运出催芽室。

5. 温室内培育

育苗的温室尽量选用功能比较齐全,环控手段较高的温室,使穴盘苗有一个好的环境生长。一般要求冬季保温性能好,配有加温设备,保持室内温度不低于 12~18 ℃。夏季要有遮阳、通风及降温设备,防止太阳直射和防高温,一般温室室温控制在 30 ℃ 以内为好。育苗期内需要喷水灌溉,一般保持基质的含水量在 60%~70% 左右。

6. 穴盘苗出室

园林苗木(种苗)在室内生长和室外生长所处的环境不同,在出苗前 3~5 d 应逐渐促进室内环境条件向室外环境条件的过渡,以确保幼苗安全出室。穴盘苗可作为种苗销售,也可出室露地培植成品苗,但在严冬季节出苗一定要谨慎处理,以免对小苗造成冻害。大田移植应计算每天的定植株数,按每天的移植株数分批出苗,保证及时定植。

7. 出室后管理

幼苗出室后对外界环境的适应性较差,必须精心管理,才能确保全苗、壮苗。定植后一周内要注意苗床温度,增加叶面喷雾的次数,适当遮阳。一周后可渐减喷雾次数和遮阳时间,直到小苗完全适应外界的环境条件之后,免去遮阳。

8. 日常管理

水分管理做到干干湿湿,以促进小苗的根系生长。施肥应以追肥为主,每隔 3～5 d 根外追肥 1 次,用 0.2％磷酸二氢钾喷雾。撒施或随水追施,每公顷需用复合肥 150～240 kg。追肥后应及时浇水,防止烧苗。同时,应注意防治幼苗的病虫害。

五、实训报告

按操作步骤详述工厂化育苗的方法步骤和技术要求。

训练八　花卉的移植与定植

一、实训目标

通过起苗、间苗、移植、定植的操作,掌握不同花卉移植、定植的时间和操作技术。

二、实训原理

为了便于幼苗的精细管理和环境控制,常在小面积上培育大量的幼苗。随着苗木的生长,植株间营养空间变小,光照不足,故要及时间苗与移植,以保证植株有足够的营养空间。同时通过移植断根,可促进须根生长,植株强健,生长充实,植株高度降低,株形紧凑。

三、实训准备

1. 材料:春播(或秋播)花卉的播种苗。
2. 用具:小花铲、竹签、喷水壶等。

四、实训步骤

1. 间苗

苗床过密时分两次间苗。第一次间出的苗可以利用。间苗前勿使苗床过干,浇水至呈湿润状态时,用竹签轻轻挑起,根部尽量带土,以提高成活率。

2. 移植

(1)移植前先炼苗。移植前几天降低土壤温度,最好使温度比发芽温度低 3 ℃左右;

(2)幼苗展开 2～3 片真叶时进行,过小操作不便,过大易伤根。

（3）起苗前半天，苗床浇一次水，使幼苗吸足水分以更适移栽。

（4）移植露地时，整地深度根据幼苗根系而定。春播花卉根系较浅，整地一般浅耕 20 cm 左右。同时施入一定量的有机肥（厩肥、堆肥等）作基肥。

（5）移植时的操作同"间苗"，用花铲将苗挖起时要尽量多地保护好根系，以利移植成活。

（6）移植后管理：移植后将四周的松土压实，及时浇足水，以后连续扶苗进行松土保墒，切忌连续灌水。幼苗适当遮阴，之后进行常规浇水施肥、中耕除草等管理。

3. 定植

最后一次移植或开花前最后一次换盆，称定植。

五、注意事项

1. 移植次数依种类而定。

2. 移植时期可考虑天气情况。如阴天或雨后空气湿度高时移植，成活率高；清晨或傍晚移苗最好，忌晴天中午栽苗。

六、思考与作业

写出你实习的某种花卉的移栽、定植方法与步骤。

训练九　露地花卉整地作畦及移栽定植技术

一、实训目标

熟悉露地花卉栽培的整地要求，掌握整地作畦操作步骤及标准；掌握露地花卉移栽、定植技术及正确使用工具及保苗护根方法。

二、实训内容

整地、作畦、移栽、定植。

三、实训准备

铁耙、有机肥、栽种铲、喷壶、米尺，万寿菊、鸡冠花等幼苗。

四、实训步骤

作高畦种植,2 人为一组。

1. 深翻土地 30 cm 深,清除杂物和杂草,打碎大土块,施入有机肥,拌匀。

2. 高畦长度 100 cm,宽 120 cm,高度 20 cm,耙平待种。

3. 开定植沟或穴:按照株行距 30 cm×30 cm 开好定植沟或挖好定植穴。

4. 起苗:起苗前半天,苗床浇一次水,使幼苗吸足水分以更适移植。用小花铲带土或裸根起苗。

5. 起苗后放置在阴凉处待栽。

6. 栽植:保持株行距及花苗整齐度,移栽后将周围的松土压实,及时浇足水。幼苗适当遮阴,之后进行常规浇水施肥、中耕除草等管理。

五、思考与练习

写出实训的某种花卉的移栽与定植方法与步骤。

训练十　大树移植

一、实训目标

1. 掌握大树移植的一般步骤和方法。

2. 掌握现代科学技术在大树移植中的应用。

二、实训原理

大树移植的技术要点:

1. 大树移植成活原理。

2. 选树与处理(规划与计划、实地选择树木、断根缩坨、整形修剪)。

3. 起掘前的准备工作(材料、工具、机械)。

4. 起树包装(树身包扎、泥团包装、泥团覆盖)。

5. 吊装运输。

6. 定植与养护(培土灌水、卷干覆盖、架立支柱)。

7. 现代技术的应用。

(1)栽培介质和其他添加物,改良土壤。

(2)根部表面施用生长激素,促根系生长发育。

（3）使用羊毛脂等伤口愈合剂。

（4）环穴周围埋设柔性通气管 3～5 根，上端露出地面，内充珍珠岩，提高透水、通气度。

（5）新优树种的研究和推广。

三、实训步骤

1. 选树与处理：主要采用现场观摩的形式。

2. 起树包装：3～5 名同学为一组，选择一种包扎方法，对树木土球模型进行包装，也可采用现场观摩的形式。

3. 定植与养护：培土灌水、卷干覆盖、架立支柱，3～5 名同学为一组，自己动手，并要求每位同学自行设计一种支撑架的形式。

4. 现代技术的应用：土坑的处理、埋设柔性通气管等，采用现场观摩的形式。

四、思考与作业

实训结束后，每组同学应交一份实训报告。报告应包括大树移植过程中主要内容的描述、分析、总结和本人的心得体会，并结合栽植环境设计一种支撑形式，要求提供立面图、设计说明、主材介绍等。

训练十一　园林植物整形与修剪

一、实训目标

对园林植物进行正确的整形修剪，是一项很重要的养护管理技术。它可以调节植物的生长与发育，创造和保持合理的植株形态，改善树冠通风透光条件，促进枝干布局合理，保持树形美观；还可调节养分和水分的运输，平衡树势；可以改变营养生长与生殖生长之间的关系，促进开花结果。通过本实践，学生应理解花卉植物的基本修剪方法及其作用，并掌握其操作过程。

二、实训准备

1. 材料：垂叶榕、双荚槐、黄金叶、鸳鸯茉莉等校园植物。

2. 工具：枝剪、手锯、水平剪、各种支架、绑扎带等。

三、实验内容

整形修剪的原则和方法：

(一)园林植物修剪的原则

园林植物修剪是一门科学,更是一门艺术。通过不同的修剪方式获得优美的树形,从而提高园林植物的观赏价值。园林植物修剪,就是按照不同植物种类的自然生长发育特性和园林生长需要,采用人工控制其长势、调节控制植物开花结果,防治病虫害,保证园林植物枝叶茂盛、繁花似锦,提高植物的观赏性。要根据园林生产目的,提高植物移栽的成活率,减轻病虫害的发生,增强植物抗逆性,增加光照,增强树木光合作用,促进花芽分化,确保植物的健康成长。

(二)园林植物修剪的季节

根据树木生长的习性及特点,园林植物修剪分为休眠期修剪和生长期修剪两种,生长期修剪应在春梢生长期进行,此时伤口愈合快,生长势强,植物整体容易恢复,如景区的绿篱、球冠树等。一个生长季需多次修剪,而每一次修剪需适时有度,否则,影响植株造型美观。有的树种不宜在生长季修剪,修剪伤口有流胶渗水现象,如松柏类、观赏桃类,须在休眠期修剪,一般在秋末落叶后,春季萌发前修剪,也称冬季修剪。如过早修剪会使芽提早萌发,易遭受冻害;过迟修剪则植株已萌发,养分损耗较多,影响植株的生长。

(三)园林修剪的类型

在实际生产中,园林植物修剪主要有以下几种类型:

1. 树木移植修剪。当树木挖起后再移栽时,要及时剪去断枝、机械损伤枝,保留骨干枝,修去多余的小侧枝,以减少水分蒸发,提高成活率。最后再依树势做适当修剪,为下一步管理打好基础。

2. 行道树修剪。一般道路两边行道树立地条件差,生长空间有所限制。在保证道路畅通安全下,采用疏枝来改善通风条件,避免供电、通讯等线路与树木生长竞争空间;更重要的是通过短截来促进新枝生长,迅速扩大树冠,提高绿量并利于引导树姿、调节树势。

3. 花灌木修剪。根据园林植物不同的发育阶段使用不同的修剪方法。幼年树生长旺盛、徒长枝多,应以扩大树冠、缓和树势、提早开花为主要目的,采取轻剪,即除主枝延长头短截外,其他枝条任其生长不剪,让其抽生花枝开花。成年树枝条生长量降低,徒长枝明显减少,大量开花,此时,应通过修剪解决生长与开花的矛盾,维护良好的树姿。对抽枝细、弱、短、花少的顶部及外围开始枯枝的衰老树,修剪要逐年适度增加。

4. 绿篱、球冠树修剪。在园林绿化生产中,这一类型的修剪一般在生长期常年进行。要求绿篱平整、三面光,球冠树光滑,一年中根据树种的耐修剪程度和萌发力不同,通常修剪3~4次。

5. 草坪类修剪。草坪修剪不但可以控制草坪高度,使草坪经常保持美观,更重要的是通过修剪可以促进分蘖,增加草坪密度及耐性,还可以抑制草坪杂草开花结实。草坪修剪时不能过低,否则大量的生长点被剪除,使草坪丧失再生能力。树荫处草坪应提高修剪高度,以便更好地适合遮阴条件。当草坪受到病虫害危害后,也应适当提高修剪高度,这样有利于恢复生机。如果草坪修剪不及时,会导致草坪直立生长。在修剪时不能一次就将草坪剪到所需的高度,应分多次修剪以达到所需高度和良好的外观。

(四)常用的修剪方法

在园林观赏树木修剪过程中,掌握正确的修剪方法,通过合理的修剪,可以培养出优美的树形。通过修剪进一步调节营养物质的合理分配,抑制徒长,促进花芽分化,达到幼树提早开花结果,又能延长盛花期、盛果期,也能使老树复壮。

1. 冬季修剪方法

可以概括为截、疏、伤、变、放。

(1)截又称短截,即把枝条的一部分剪去。其主要目的是刺激侧芽萌发,抽生新梢,增加枝条数量,多发叶、多开花。根据短截的程度可分为以下几种:

①轻短截:轻剪枝条的顶梢(剪去枝条全长的 1/5～1/4),主要用于花果类树木强壮枝修剪。此种修剪方法在枝条去掉顶梢后,刺激其下部多数半饱满芽的萌发,分散枝条养分,使来年园林观赏花果树类的枝条能产生更多中短枝,易形成花芽。

②中短截:剪到枝条中部或中上部饱满芽处(剪枝条长度 1/3～1/2),主要用于某些弱枝复壮以及各种树木培养骨干枝和延长枝。

③重短截:剪去枝条全长的 2/3～3/4。此种修剪方法刺激作用大,主要用于弱树、老树、老弱枝的更新复壮。

④极重短截:在树条基条基部留 1～2 个瘪芽,其余全部剪去。园林中的紫薇常采用此方法。

⑤回缩:将多年生的枝条剪去一部分。因树木多年生长,离枝顶远,基部易光腿,为了降低顶端优势位置,促多年生枝条基部更新复壮,常采用回缩修剪方法。

(2)疏又称疏剪或疏删。将枝条自分生处剪去,疏剪可以调节枝条均匀分布,加大空间,改善通风透光条件,有利于树冠内部枝条生长发育,有利于花芽分化。疏剪的对象主要是病虫枝、干枯枝、过密枝、交叉枝等。

(3)伤又称刻伤。用于控制植株徒长,损伤部分枝干,积累养分,促进开花,同时也有树干造型的效果。

(4)变。用支架、绑扎、诱引等手段,改变枝向,以缓和树势和造型。

(5)放又称缓放。对一年生枝任其生长,不做剪截,无论是一年生长枝还是中枝,缓放都有减弱生长势、增加生长量、削弱成枝力的作用。缓放可促进花芽形成,提高早期花量,但连年缓放不剪,会造成枝条紊乱、枝组细长、结果部位外移等不良后果。

2. 生长期修剪方法

(1)摘心、摘叶和剪梢:摘除或剪掉新梢先端。摘心和剪梢有两个作用:一是促使分枝,使枝条生长紧凑;二是有利于营养物质的积累,有利于花芽形成,多开花、多结果。摘叶有三个作用:一是使叶片变小,二是促发新枝,三是利于通风透光。叶片过密时,摘去部分叶片,老叶、黄叶均应及时去除。

(2)除芽和除萌蘖:除掉已萌动的芽和剪除无用的徒长枝、萌蘖、根蘖等,以节约养分及改善光照条件。

(3)弯枝和拉枝：使枝条弯曲，改变枝梢生长方向，合理利用空间，改变枝条生长势。

(4)扭枝(梢)和拿枝(梢)：扭梢是将旺梢向下扭曲或将其基部旋转扭伤，即扭伤木质部和皮层；拿枝就是用手对旺梢自基部到顶部捋一捋，伤及木质部，响而不脆。

(5)环剥及刻伤：环剥即将枝干的韧皮部剥去一环，它可以中断韧皮部运输系统，抑制营养生长，促进生殖生长。刻伤即在芽的上方用刀横切，深达木质部，以促进芽的萌发。

(6)疏花、疏果：疏花，一是疏去残花；二是不需要结果时将凋谢的花及时摘除；三是把残缺、僵化、有病虫害而影响美观的花朵摘除。疏果是摘除不需要的小果或病虫果。

(五)园林植物修剪注意事项

1. 修剪不留桩头，也就是说被修剪的枝条应从基部剪掉。

2. 修剪大的枝条枝干会留下较大的伤口创面，要及时用木炭或硫黄粉涂抹，以防止腐烂，还能起到杀菌收水的作用，也有利于伤口愈合。

3. 修剪枝条时，应先从枝条下方锯掉枝条1/3深度，再从枝条上面锯断，可以防止拉伤树皮。

4. 修剪之前先看看枝条的分布情况，看清整体树势，切忌盲目下剪，要多看树木四周，做到心中有数再下剪刀。

5. 有些球型树不可用大平剪修剪，只能用剪枝剪修剪，以短截为主，抽剪为辅，使修剪后的树木自然美观。

6. 修剪枝条的剪口要平滑，与剪口芽成45°角的斜面，从剪口的对侧下剪，斜面上方与剪口芽尖相平，斜面最低部分和芽基相平。这样剪口创面小，容易愈合，芽萌发后生长快。

(六)整形及形式

"整形"，是指对植株施行一定的修剪措施而形成某种树体结构形态。以树冠外形来说，常见的有圆头形、圆锥形、卵圆形、倒卵圆形、怀状形、自然开心形等。而在花卉栽培上常见形式有：单干式、多干式、丛生式、悬崖式、攀缘式、匍匐式以及其他整形方式。

1. 单干式：只留一根主干，不留侧枝，仅使顶端开一至几朵花，最常用于菊花。

2. 多干式：留主枝数本，使开出几朵花，其余侧枝全部去除，最常用于菊花、大丽菊等。

3. 丛生式：在幼苗期多次摘心，促使其发生多数枝条，全株成低矮丛状，如花坛用花。

4. 悬崖式：全株向一方下垂，如悬崖菊。

5. 攀缘式：利用蔓性花卉，自然攀棱花架，篱垣、山石等，如牵牛、茑萝。

6. 支架式：方式同上。只是经过人工多次摘心，然后将花枝绑扎，加工而成，如大立菊。

7. 匍匐式：利用枝条自然匍匐的特性，将盆面覆盖，如吊兰。

四、思考与作业

写出整形或修剪的方法与步骤。

训练十二　园林植物常见病虫害识别

一、实训目标

能运用园林植物病虫害形态学、生物学基本知识,现场识别诊断实训期间学校所在地的公园、街道园林植物常见病虫害;病害部分要求掌握植物病害名称及病原所属类群,害虫部分要求掌握害虫名称(科名)及所属目名称。

二、实训内容

现场识别诊断实训期间市区公园、街道园林植物常见病虫害。

(一)真菌性病害

此类病害的病原体是真菌,在植物病害中发生较为普遍。常见的种类有:

1. 炭疽病类;
2. 叶斑病类;
3. 锈病类;
4. 白粉病类;
5. 叶枯病;
6. 煤烟病;
7. 霜霉病类。

(二)细菌性病害

此类病害的病原体为细菌,常见的有细菌性软腐病和青枯病。

(三)病毒性病害

此类病害的病原体为植物性病毒。为整株性病害,常引起寄主花叶、矮化和畸形,较常见的是花叶病。

(四)线虫病

此病由线虫的寄生引起。线虫为微小的蠕虫,可寄生在植物的多种器官上。引起的为害状极像病害的症状,故将其称病害,如根结线虫病、松材线虫病、穿孔线虫病等。

(五)地下害虫

主要是指为害植物的地下部分或近地表部分的害虫。

1. 金龟子类

属鞘翅目,金龟子总科。种类多,分布广,食性杂。其幼虫称为蛴螬,是苗圃、花圃、草坪、林果上常见的害虫,主要取食植物的根及近地面部分的茎。成虫可咬食叶片、花、芽,如铜绿金龟、褐金龟、大黑鳃金龟等。

2. 蝼蛄

俗称"土狗"。属直翅目,蝼蛄科。食性杂,以成虫、若虫为害根部或近地面幼茎。喜欢在表土层钻筑坑道,可造成幼苗干枯死亡。常见的有非洲蝼蛄、华北蝼蛄。

3. 蟋蟀

属直翅目,蟋蟀科。分布广,全国大部分地区均有分布。食性杂,成、若虫均能为害多种花木的幼苗和根。常见的有大蟋蟀、油葫芦等。

4. 地老虎类

属鳞翅目,夜蛾科,俗称"地蚕"。分布广,食性杂。以幼虫为害幼苗,常在近地面处咬断幼苗并将幼苗拖入洞穴中食之,亦可咬食未出土幼苗和植物生长点。常见的有小地老虎、大地老虎、黄地老虎等。

5. 白蚁

是一种约3000多种等翅目昆虫的总称,主要分布于南方。主要为害植物的茎干皮层和根系,造成植物长势衰弱,严重时枯死。为害植物的白蚁主要有家白蚁和黑翅土白蚁。

(六)叶部害虫

此类害虫主要以植物的叶片为食。主要集中在鞘翅目和鳞翅目。

1. 叶甲类

叶甲又名金花虫。属鞘翅目,叶甲科。小至中型,体卵圆至长形,体色因种类而异。触角丝状,复眼圆形。体表常具金属光泽,幼虫为寡足型。常见的有榆蓝叶甲、杨叶甲、茄二十八星瓢虫、椰心叶甲、泡桐叶甲等。

2. 蓑蛾类

属鳞翅目,蓑蛾科。体中型,成虫雌雄异型,雄虫有翅,触角羽毛状,雌虫无翅无足,栖于袋囊内。幼虫肥胖,胸足发达,常负囊活动。常见的有大袋蛾、茶袋蛾、白囊袋蛾等。

3. 刺蛾类

属鳞翅目,刺蛾科。幼虫俗称"刺毛虫""痒辣子"。成虫体粗壮,体被鳞毛,翅色一般为黄褐色或鲜绿色,翅面有红色或暗色线纹。幼虫短肥,颜色鲜艳,头小,可缩入体内,体表有瘤,上生枝刺和毒毛。常见的有褐刺蛾、绿刺蛾、黄刺蛾和扁刺蛾等。

4. 尺蛾类

属鳞翅目,尺蛾科。为小至大型蛾类。幼虫称为"尺蠖"。成虫体细长,翅大而薄,鳞片稀少,前后翅有波浪状花纹相连。幼虫虫体细长,仅第6腹节各具1对腹足。常见种类有油桐尺蠖、柑橘尺蠖、青尺蠖、绿尺蠖、绿额翠尺蠖、大叶黄杨尺蠖等。

5. 天蛾类

属鳞翅目,天蛾科。为大型蛾类。体粗壮,触角丝状,末端呈钩状,口器发达,翅狭长,前翅后缘常呈弧状凹陷。幼虫粗大,体表粗糙,体侧常具有往后向方的斜纹。第8腹节背面具1根尾角。常见种类有蓝目天蛾、豆天蛾、甘薯天蛾、芝麻天蛾、芋双线天蛾等。

6. 毒蛾类

属鳞翅目,毒蛾科。为中型蛾类。成虫体粗壮,体被厚密鳞毛,色暗。幼虫具毛瘤,毛瘤上长有毛簇,分布不均匀,长短不一致,毛有毒。常见种类有双线盗毒蛾、舞毒蛾、乌桕毒蛾、柳毒蛾等。

7. 灯蛾类

属鳞翅目,灯蛾科。为中型蛾类。虫体粗壮,体色鲜艳。腹部多为红色或黄色,上生一些黑点。翅多为灰、黄、白色,翅上常具斑点。幼虫体表具毛瘤,毛瘤上具浓密的长毛,毛分布较均匀,长短较一致。常见的有美国白蛾、红缘灯蛾、人纹污灯蛾等。

8. 凤蝶类

属鳞翅目,凤蝶科。为大型蝶类。体色鲜艳,翅面花纹美丽,后翅外缘呈波浪状,有些种类的后翅还具有尾突。幼虫前胸前缘背面具翻缩腺,亦称"臭丫腺",受到惊动时伸出,并散发香味或臭味。常见种类有柑橘凤蝶、玉带凤蝶、茴香凤蝶、樟凤蝶、黄花凤蝶等。

9. 粉蝶类

属鳞翅目,粉蝶科。为中型蝶类。体色多为黑色,翅常为白色、黄色或橙色,翅面杂有黑色斑点。后翅为卵圆形,幼虫体表粗糙,具小突起和刚毛,黄绿色至深绿色。常见的有东方粉蝶。

10. 弄蝶类

属鳞翅目,弄蝶科。为小至大型蝶类。成虫体粗壮,头大,体色多暗色,体被厚密的鳞毛。触角末端呈钩状,前翅翅面常具黄白色斑。幼虫的头黑褐色,胸腹部乳白色,第 1、2 胸节缢缩呈颈状,体表具稀疏的毛。常见种类有香蕉弄蝶、稻弄蝶等。

(七)枝干害虫

主要指蛀干、蛀茎、蛀枝条及危害新梢的各种害虫。

1. 天牛类

属鞘翅目,天牛科。为中至大型昆虫。成虫长形,颜色多样。触角鞭状,常超过体长。复眼肾形,围绕触角基部。幼虫呈筒状,属无足型,背、腹面具革质凸起,用于行动。常见的有星天牛、桑天牛、桃红颈天牛等。

2. 小蠹类

属鞘翅目,小蠹科。为小型昆虫。体椭圆形,体长约 3 mm,色暗,头小,前胸背板发达,触角锤状。常见的有柏肤小蠹、纵坑切梢小蠹等。

(八)吸汁害虫

1. 蚜虫类

属同翅目,蚜科。为小型昆虫。体长约 2 mm,体色多样,触角丝状。具有翅型和无翅型。第 6 腹节两侧背具 1 对腹管,腹末具尾片。常见种类有桃蚜、棉蚜、菜蚜、菊姬长管蚜、蕉蚜、夹竹桃蚜等。

2. 叶蝉类

属同翅目,叶蝉科。为小型昆虫。体长多在 2～3 mm,体色因种而异。头宽,触角刚毛状,体表被一层蜡质层,后足胫节有一排刺。常见的有大青叶蝉、小青叶蝉、桃一点斑叶蝉、黑尾叶蝉等。

3. 蚧类

蚧又称介壳虫。属同翅目,蚧总科。为小型昆虫。蚧类多以雌虫和若虫固定不动刺吸植物的叶、枝条、果实等的汁液为害。为害对象多,还能诱发煤烟病,使植物的外观和生长受到严重的影响,降低了产量和观赏价值。蚧类种类繁多,外部形态差异大。虫体表面常覆盖介壳、各种粉绵状等蜡质分泌物。常见种类有吹绵蚧、矢尖蚧、红蜡蚧、褐圆蚧、草履蚧、褐软蚧等。

4. 木虱类

属同翅目,木虱科。为小型昆虫。能飞善跳,但飞翔距离有限,成虫、若虫常分泌蜡质盖于身体上,木虱类多为害木本植物。常见的有柑橘木虱、梧桐木虱、梨木虱和榕卵痣木虱。

5. 螨类

螨类不是昆虫,在分类上属蛛形纲,蜱螨目,但螨类的为害特点与刺吸性害虫有相似之处。最常见的是柑橘红蜘蛛和柑橘锈蜘蛛。

三、实训准备

1. 仪器设备:数码相机(要求学生自带,至少每小组 1 架)。
2. 场地:市区公园及街道两旁。

四、实训步骤

1. 准备工作:实训前教师先实地调查市区公园、街道园林植物常见病虫害,并拍照记录,做好资料准备。
2. 确定实训路线:根据由远及近原则,确定好实训路线。
3. 现场识别诊断:拍照并记录观察到的常见病虫害。病害部分要求记录植物病害名称及病原所属类群,害虫部分要求记录害虫名称(科名)及所属目名称。

五、实训报告

实训小结。

训练十三 校园花卉病虫害防治

一、实训目标

能根据校园花卉病、虫发生及危害特点,制定化学防治方案,规范地组织防治方案的实施,达到控制病、虫的目标。

二、实训内容

根据校园花卉病、虫发生不同时期及危害程度,选择以下花卉病虫害作为防治实训内容:

1. 山茶花康片盾蚧;
2. 垂叶榕榕管蓟马;
3. 双荚槐叶蝉;
4. 朱蕉炭疽病、褐斑病;
5. 三药槟榔斑点病;
6. 三角梅叶枯病。

三、实训准备

1. 仪器设备:背负式手动喷雾器 8 台(5~6 人为 1 组,每组 1 台)。
2. 农药:杀虫剂(吡虫啉、氧乐果、呋喃丹),杀菌剂(腈菌唑、世高、福星、甲基托布津)。

四、实训步骤

1. 确定防治对象:选择实训期间危害严重的校园花卉植物病害及害虫各两种。
2. 正确选用农药:根据所要防治的对象选择相应的农药。
3. 兑水配制农药:在实验室按说明兑水配制农药,装入喷雾器中。
4. 农药喷施:按操作规范喷施农药。

五、考核办法

1. 安全生产规范(包括个人防护措施、施药方法等):50%。
2. 实训小结(包括防治方案、防治效果观察记录):50%。

六、实训报告

书面作业(包括防治方案、防治效果观察记录、小结)。

训练十四 园林植物病虫害综合防治

（以福建省热带作物研究所为例）

一、实训目标

实地学习专业植保人员如何依据病虫的发生规律及危害程度科学制定防治方案，并规范地组织防治方案的实施，达到经济、安全、有效的目标；要求做好现场记录。

二、实训内容

实地学习苗圃园林植物病虫害的综合防治。

三、实训准备

1. 仪器设备：数码相机（要求学生自带，至少每一小组 1 架）。
2. 场地：福建省热带作物研究所。

四、实训步骤

1. 准备工作：与实训单位、实训指导教师联系；学生出行安排及安全教育。
2. 现场参观：专业植保人员对苗圃病虫害的日常管理防治，方案的制定及实施；拍照并记录。

五、考核办法

根据实训小结书面作业评分。

六、实训报告

实训小结。

训练十五　花期调节与控制技术

一、实训目标

通过实训,进一步了解影响植物开花的因素,掌握对这些因素进行调节的常用手段,达到花期控制与调节的目的,并了解各种调控技术在生产上的应用。

二、实训准备

1. 材料:一品红、三角梅、菊花的数个品种、月季、大丽花、荷包花、一串红等。
2. 用具:光照培养箱、照明灯泡、黑布、盆具、其他各种工具等。
3. 药品:乙烯利、GA₃、过磷酸钙、磷酸二氢钾(KH₂PO₄)、尿素、NAA 等药品。

三、实训原理

植物在完成生长后,要有一定条件才能开花,如达不到要求的条件就会停留在营养生长阶段而不开花。在栽培上正是通过人为对植物开花的某一个主导因子进行调控,以达到人为提早或延迟开花的目的。影响植物开花的因素主要有日照长度、温度、水分、内源激素以及养分等。影响各种植物开花的主导因子各不一样,因此,在进行调控栽培时,要了解植物开花的特性。如菊花、一品红、三角梅等要在短日照条件下开花,山茶、杜鹃等要经低温期才开花,一串红、月季等可四季开花,营养生长是影响因素;荷包花、苍耳等是长日照植物,在长日照下开花。而水分对大多数植物而言,其变化会引起体内激素的变化,如缺水条件下,容易产生催熟激素,提早开花;而水分充足,则内源催熟激素生成减少。养分条件对植物的开花也有一定作用,如磷、钾肥可提早开花,而氮素会促进营养生长,延迟开花。因此,在进行花期调控时,想提早开花,可针对主要因子适其道而行之,想延迟开花则反其道而行之。

四、实训步骤

(一)制水法

取三角梅做实验材料,每组选 10 盆植物,分成两组,一组控水管理,一组正常浇水,比较两组的开花时间、数量、着花枝位。控水时给予极少水分,使叶片呈缺水下垂状,但要防过度脱水造成落叶,即保持半脱水状态,持续 2~3 周,见花芽时恢复正常浇水。

(二)光照控制法

全班分成 5～6 组,每组取一个不同的菊花品种 15 盆,分成三个组别,一组给予自然光照,一组 19:30 开始延长照灯 4 h,一组从 17:00 起用黑布遮光至次日早上 8:00,延续 6 周后均恢复自然光照。比较同一品种不同处理开花时间、开花质量的变化,最后将全班数据综合分析比较品种间的差异。

(三)温度与药物控制

以一品红为试验材料,每组选 15 盆,分成三个组别,一组置于昼夜温度为 20 ℃/10 ℃、每天 12 h 光照的光照培养箱中;一组于自然条件下每 10 d 喷质量分数为 5×10^{-5} 的乙烯利 1 次,共 3 次;一组在自然条件下作对照。比较每种处理植株始花日期、花数变化。

(四)摘心控制

可以选一串红或月季作供试材料,选同时繁殖的种苗各 10 株,分成两组,一组不作摘心或修剪,任其自然生长,一组摘心或修剪 1 次,分别记录始花时间或修剪至始花时间,比较其差异。

五、实训要求

可根据具体情况,选择其中 1～2 种方法进行试验,每种方法可设一个处理梯度系列进行。

六、实训报告

将实验结果按下表整理,并对结果加以分析说明。

表 2-6　不同处理方法对开花的影响记录表

种类	Ⅰ			Ⅱ			Ⅲ		
	始花(d)	花径(cm)	花数	始花(d)	花径(cm)	花数	始花(d)	花径(cm)	花数

第三部分

花卉的绿化应用篇

训练一 园林布局

一、实训目标

1. 通过实训,了解园林艺术布局的方法和内容及其特征。

2. 掌握各种园林建筑(花架、亭、廊、假山、水体)布局方法和在造景中的作用;了解园林建筑的种类及其位置安排。

3. 掌握园林植物的配置方法、植物造景的途径和园林色彩布局的方法。

4. 掌握绿篱、草坪及花架所选用的植物种类及其特性。

二、实训内容

教学实训安排在公园或其他园林绿地内,主要观察的内容包括:

1. 主要的景观有哪些? 采用了哪些造景方法? 是如何突出主景的?

2. 植物方面,采用了什么样的动态布局和造景方法? 在不同的季节哪些植物是配调、基调,是如何进行转调的?

3. 如何对静态景观进行布局? 观赏景物的视距和位置是如何确定的?

4. 园路是如何布局的? 道路的色彩是如何设置的? 采用什么材料铺装?

三、实训要求

1. 在实习过程中,要记好笔记,能在现场用好的设计方法绘出图形。

2. 对具有典型的布局,要当场对设计进行评价,找出优点与不足,提出改进意见或建议。

3. 要能将课堂上所讲的内容与实际进行比较,能够做到理论与实践相结合。

4. 每次实习完成之后,要进行总结,写出实习报告和体会。

四、思考与作业

完成实习报告一份,主要包括内容、收获、体会。选择一段有代表性的绿化地段,完成下列调查表及设计说明。

表 3-1　园林布局调查表

植物景观类型	植物名称	季节			
		春季	夏季	秋季	冬季
配调					
基调					

【附录】园林布局的形式

一、园林布局的形式与特点

园林布局形式的产生和形成,是与世界各民族、国家的文化传统、地理条件等综合因素的作用分不开的。英国造园家杰利克(G. A. Jellicoe)在 1954 年国际风景园林家联合会第四次大会上致辞说:"世界造园史分为三大流派:中国、西亚和古希腊。"上述三大流派归纳起来,可以把园林的形式分为三类:规则式、自然式和混合式。

(一)规则式园林

规则式园林又称整形式、几何式、建筑式园林。整个平面布局、立体造型以及建筑、广场、街道、水面、花草树木等都要求严整对称。在 18 世纪英国风景园林产生之前,西方园林主要以规则式为主,其中以文艺复兴时期意大利台地园和 19 世纪法国勒诺特(Le Notre)平面几何图案式园林为代表。我国的北京天坛、南京中山陵都采用规则式布局。规则式园林给人以庄严、雄伟、整齐之感,一般用于气氛较严肃的纪念性园林或有对称轴的建筑庭院中。

1. 中轴线

全园在平面规划上有明显的中轴线,并大抵以中轴线的左右前后对称或拟对称布置,园地的划分大都成几何形体。

2. 地形

在开阔、较平坦地段,由不同高程的水平面及缓倾斜的平面组成;在山地及丘陵地段,由阶梯式的大小不同的水平台地倾斜平面及石级组成,其剖面均由直线所组成。

3. 水体

其外形轮廓均为几何形,主要是圆形和长方形。水体的驳岸多整形、垂直,有时加以雕塑;水景的类型有整形水池、整形瀑布、喷泉、壁泉及水渠运河等,古代神话雕塑与喷泉是构成水景的主要内容。

4. 广场和街道

广场多为规则对称的几何形,主轴和副轴线上的广场形成主次分明的系统,街道均为直线形、折线形或几何曲线形。广场与街道构成方格形式、环状放射形、中轴对称或不对称的几何布局。

5. 建筑

主体建筑群和单体建筑多采用中轴对称均衡设计,多以主体建筑群和次要建筑群形成与广场、街道相组合的主轴、副轴系统,形成控制全园的总格局。

6. 种植设计

配合中轴对称的总格局,全园树木配置以等距离行列式、对称式为主,树木修剪整形多模拟建筑形体、动物造型,绿篱、绿墙、绿柱为规则式园林较突出的特点。园内常运用大量的绿篱、绿墙及丛林划分和组织空间,花卉布置常以图案为主要内容的花坛和花带,有时布置成大规模的花坛群。

7. 园林小品

园林雕塑、瓶饰、园灯、栏杆等装饰、点缀园景。西方园林的雕塑主要以人物雕像布置于室外,并且雕像多配置于轴线的起点、焦点或终点。雕塑常与喷泉、水池构成水体的主景。

规则式园林的设计手法,从另一角度探索,园林轴线多视为是主体建筑室内中轴线向室外的延伸。一般情况下,主体建筑主轴线和室外轴线是一致的。

(二)自然式园林

自然式园林又称风景式、不规则式、山水派园林。中国园林从周朝开始,经历代的发展,不论是皇家宫苑还是私家宅园,都是以自然山水园林为源流。发展到清代,保留至今的皇家园林(如颐和园、承德避暑山庄)和私家宅园(如苏州的拙政园、网狮园等)都是自然山水园林的代表作品。从 6 世纪传入日本,18 世纪后传入英国。自然式园林以模仿再现自然为主,不追求对称的平面布局,立体造型及园林要素布置均较自然和自由,相互关系较隐蔽含蓄。这种形式较能适合于有山有水有地形起伏的环境,以含蓄、幽雅、意境深远见长。

1. 地形

自然式园林的创作讲究"相地合宜,构园得体"。主要处理地形的手法是"高方欲就亭台,低凹可开池沼"的"得景随形"。自然式园林最主要的地形特征是"自成天然之趣",所以,在园林中,要求再现自然界的山峰、山巅、崖、岗、岭、峡、岬、谷、坞、坪、洞、穴等地貌景观。在平原,要求自然起伏、和缓的微地形,地形的剖面为自然曲线。

2. 水体

这种园林的水体讲究"疏源之去由,察水之来历"。园林水景的主要类型有湖、池、潭、沼、汀、溪、涧、洲、渚、港、湾、瀑布、跌水等。总之,水体要再现自然界水景。水体的轮廓为自然曲折,水岸为自然曲线的倾斜坡度,驳岸主要用自然山石驳岸、石矶等形式。在建筑附近或根据造景需要也部分用条石砌成直线或折线驳岸。

3. 广场与街道

除建筑前广场为规则式外,园林中的空旷地和广场的外形轮廓为自然式。街道的走向、布列多随地形,街道的平面和剖面多为自然的、起伏曲折的平面线和竖曲线。

4. 建筑

单体建筑多为对称或不对称的均衡布局；建筑群或大规模的建筑组群，多采用不对称均衡的布局。全园不以轴线控制，但局部仍有轴线处理。中国自然式园林中的建筑类型有亭、廊、榭、坊、楼、阁、轩、馆、台、塔、厅、堂、桥等。

5. 种植设计

自然式园林种植要求反映自然界植物群落之美，不成行成列栽植。树木不修剪，配植以孤植、丛植、群植、密林为主要形式。花卉的布置以花丛、花群为主要形式。庭院内也有花台的应用。

6. 园林小品

以假山、石品、盆景、石刻、砖雕、石雕、木刻等点缀园景。其中雕像的基座多为自然式，小品的位置多配置于透视线集中的焦点。

(三)混合式园林

所谓混合式园林，主要指规则式、自然式交错组合，全园没有或形不成控制全园的主中轴线和副轴线，只有局部景区，建筑以中轴对称布局，或全园没有明显的自然山水骨架，形不成自然格局。一般情况，多结合地形，在原地形平坦处，根据总体规划需要安排规则式的布局。在原地形条件较复杂，具备起伏不平的丘陵、山谷、洼地等，结合地形规划成自然式。类似上述两种不同形式规划的组合即为混合式园林。

二、园林形式的确定

(一)根据园林的性质

不同性质的园林，必然有相对应的不同的园林形式，力求园林的形式反映园林的特性。纪念性园林、植物园、动物园、儿童公园等，由于各自的主题不同，决定了各自与其性质相对应的园林形式，如以纪念历史上某一重大历史事件中英勇牺牲的革命英雄、革命烈士为主题的烈士陵园，较著名的有中国广州起义烈士陵园、南京雨花台烈士陵园、长沙烈士陵园、德国柏林的苏军烈士陵园、意大利的都灵战争牺牲者纪念碑园等，都是纪念性园林。这类园林的性质，主要是缅怀先烈革命功绩，激励后人发扬革命传统，起到爱国主义、国际主义思想教育的作用。这类园林布局形式多采用中轴对称、规则严整和逐步升高的地形处理，从而创造出雄伟崇高、庄严肃穆的气氛。而动物园主要属于生物科学的展示范畴，要求公园给游人以知识和美感，所以，从规划形式上，要求自然、活泼，创造寓教于游的环境。儿童公园更要求形式新颖、活泼，色彩鲜艳、明朗，公园的景色、设施与儿童的天真、活泼性格协调。形式服从于园林的内容，体现园林的特性，表达园林的主题。

(二)根据不同文化传统

各民族、国家之间的文化、艺术传统的差异决定了园林形式的不同。中国由于传统文化的沿袭，形成了自然山水园的自然式布局。而同样是多山的国家意大利，由于其传统文化和本民族固有的艺术水准和造园风格，即使是自然山地条件，意大利的园林也采用规则式。

（三）意识形态的不同决定园林的表现形式

西方流传着许多希腊神话,神话把人神化,描写的神实际上是人。结合西方雕塑艺术,在园林中把许多神像规划在园林空间中,而且多数放置在轴线上,或轴线的交叉中心。而中国传统的道教传说中描写的神仙则往往住在名山大川中,所有的神像在园林中的应用一般供奉在殿堂之内,而不展示于园林空间中,几乎没有裸体神像。上述事实都说明不同的意识形态对园林形式的影响。

训练二 植物种植设计

一、实训目标

掌握各种不同园林植物配置的基本规律以及由园林植物构成景观素材的特点和设计要求,掌握园林景观设计图的制作方法。

二、实训内容

1. 独立花坛设计
盛花花坛,模纹花坛,立体花坛,木本植物花坛,混合花坛,草皮花坛。
2. 花境设计
双面观花境,单面观花境。
3. 绿篱设计
常绿篱,花篱,蔓篱,刺篱。
4. 园林植物配置
孤植,对植,群植,丛植。
5. 攀缘植物配置
墙壁装饰,门窗,阳台装饰。

三、实训准备

用具:测量用具、绘图工具。

四、实训步骤

1. 以上所列内容应重点进行实地考察,对确定的区域范围或对象进行有针对性的调查。
2. 对设计对象进行实地调查、测量并进行计算。

3. 根据各自的原则和要求进行设计。

4. 绘制设计图,编写设计说明书。

五、实训要求

1. 以组为单位,进行路查、调查和测算。

2. 以人为单元,进行独立设计,并针对不同的设计对象,提出设计方案。绘制设计图、效果图、立面图,编制设计说明书,提出种苗计划、施工要求及注意事项等。

3. 每人完成一份完整的种植设计说明及图面材料。

六、实训说明

以上内容可依据教学实际情况适当增减,不要求全部完成。

【附录】植物种植设计知识

一、植物种植设计的一般原则

1. 功用性:要符合绿地的性质和功能要求。设计的植物种类来源有保证,并且具备必需的功能特点,能满足绿地的功能要求,符合绿地的性质。

2. 科学性:适宜的环境种植适宜的植物,植物搭配及种植密度要合理。要选择合适的植物,满足植物生态要求,使立地条件与植物生态习性相接近,做到"适地适树"。

3. 经济性:要做到"花钱少,效果好"。苗木规格、价格档次与实际需要相吻合,量大的植物采用价格档次较低的,量少的重点植物用价格档次比较高的。苗木数量的统计要准确,做到"花钱少,效果好"。

4. 艺术性:要考虑园林艺术构图的需要。植物的形、色、姿态的搭配应符合大众的审美习惯,能够做到植物形象优美、色彩协调、景观效果良好。

(1)植物配植要与总体艺术布局协调。

(2)要考虑四季景色的变换。

(3)充分发挥植物的形、色、味、声效果。

(4)要照顾植物景观的整体效果。

二、树木的种植设计

(一)规则式配植

1. 对植:两株树或两丛树布置在相对位置上成对应景观,就叫对植。

（1）作用

①作配景或夹景；

②陪衬、烘托主景。

（2）选材

选形态有对应性的、树种相同的植株。

（3）设计要点

①配植位置：大门两侧、路口两侧、主景两侧。

②配植方法：对称式对植——对称、规则式；非对称对植——不对称、自然式。

（4）株行距

①高大乔木——株距：5～8 m；行距：4～6 m。

②中小乔木——株距：3～5 m；行距：3～4 m。

③灌木——株距：1～3 m；行距：0.7～2.5 m。

（5）列植方式

①单行列植；

②环状列植（包括弧线形排列）；

③顺行列植（等行等距方形排列）；

④错行列植（等行等距三角形排列）。

2. 篱植：由树木密集栽种成长带状的种植形式，叫篱植。篱植形成的长带状树木群体，叫绿篱或绿墙。

（1）绿篱的功能作用

①防护作用：以刺篱、围篱来防范、围护、遮掩。

②作边缘地带装饰：装饰路边、场地边、墙边等。

③分隔和组织空间：主要在园林的低层空间进行。

④作背景：作为园林雕塑、亭子、石景等的背景。

（2）绿篱的类别

根据不同的分类原则，可将绿篱树墙划分出不同的类别。实际工作中一般按下列两种方法对绿篱进行划分。

①按高度

表1　绿篱的分类

类型	单双行栽种	高（cm）	宽（cm）	株距（cm）
矮篱	单	10～50	15～40	15～30
中篱	单	50～120	40～70	30～50
	双	50～120	50～100	行距25～50
高篱	单	120～160	50～80	50～75
	双	120～160	80～100	行距40～60
绿墙	双	＞160	150～200	100～150

②按观赏性

a. 常绿篱：用柏树类常绿针叶树或常绿阔叶灌木。

b. 落叶篱:用落叶阔叶灌木,如榆树、雪柳、水蜡树。

c. 针叶篱:以针叶树木,如桧柏、千头柏等做绿篱。

d. 彩叶篱:用色叶灌木,如紫叶小檗、金叶女贞、变叶木等。

e. 图案篱:用矮绿篱在草坪上做成图案。

f. 花篱:用花灌木,如麻叶绣球、木槿、四季桂等。

g. 观果篱:用多果灌木,如火棘、沙棘等。

h. 刺篱:选带刺的灌木,如马甲子、豪猪刺、枳壳等。

i. 编篱:用柔枝灌木,如木槿、小叶女贞、榆树、杞柳等。

j. 蔓篱:用篱栅栽藤状植物,如金银花、牵牛花、茑萝等。

(3)设计形式

①不整形绿篱(半自然式绿篱);

②规则式整形绿篱(规则式绿篱);

③自由式整形绿篱(不规则整形);

④造型绿墙(做骨架并修剪造型)。

(4)断面设计

①横断面:标准断面——梯形、矩形、半圆形;变化断面——截角形、台层形、组合形;不正确断面——倒梯形、三角形。

②纵断面:标准断面——直条形、波浪形、城垛形;变化断面——折板形、锯齿形、组合形。

(5)端头设计

①平面:折转形、卷回形、柱形。

②立面:翘头形、坡面形、柱形。

(6)种植株行距

①一般绿篱:株距 0.3～0.5 m;行距 0.4～0.6 m。

②绿墙:株距 1～1.5 m;行距 0.7～1.2 m。

(二)自然式植物配植

园林树木的自然式配植主要有孤植、丛植、群植和林植。其中,林植即风景林栽植,既可用于自然式,也可用于规则式栽植。

1. 孤植:单株树或紧密栽植的单树种树丛的孤立独处配植状态,叫孤植;孤植的树木,叫孤植树。

(1)作用

①作主景树,在风景视线焦点。

②作空旷地遮阴树,如在园椅之后。

(2)植物选择条件

①形美,如雪松、香樟、黄葛树、七叶树等。

②是季相色叶树,如银杏、黄连木、枫香、红枫等。

③花繁、色艳,如日本晚樱、蓝花楹、榆叶梅等。

（3）设计要点

①状态:树木周围应比较空旷。

②位置:草坪上、水边、岛上、桥头、路口、山坡前、广场上、庭院中央。

③视距安排:取树高的 4～10 倍作视距。

④背景处理:要单纯化,在孤植树高 5 倍距离之外

2.丛植:用若干树种搭配栽植成风景树丛,就是丛植。丛植是园林树木自然式种植的主要形式之一。

（1）作用

作为主景树,也可作配景树。

（2）选材

①选 1～5 个树种,以 1 个树种为主。

②每丛 2～18 株,不计矮小灌木。

③树形要对比明显,树形差别要大。

（3）丛植方式

二株式、三株式、四株式、五株式等。

（4）设计要点

①主要布置在草坪、林缘、路口、岸边、建筑山墙头;

②按不等边三角形关系栽树;

③树木位点呈自然聚散状;

④树丛内主次分明,关系协调;

⑤按树种习性搭配构成树丛;

⑥树木种植不得规则对称。

3.群植:群植是由多数乔灌木(一般在 20～30 株以上)混合成群栽植而成的类型。树群所表现的主要为群体美。

（1）作用

可作构图的主景。

（2）选材

①整个树群所用主要树种,原则上均不超过 5 种。

②树群内,树木的组合必须很好地结合生态条件。

③树群的外貌,要有高低起伏的变化,要注意四季的季相变化和美观。

（3）群植方式

①单纯树群;

②混交树群。

（4）设计要点

①布置在较开阔的空旷地;

②按不等边三角形配植;

③小块状混交与复层混交结合;

④要照顾到树种的光照习性;

⑤树群下土面应有地被植物。

4. 林植：就是园林树木按较大的郁闭度，在较大面积地域中配植成风景片林的栽植方式。林植就是指风景林的栽植。

（1）作用

①构成植物景区；

②作为园林背景；

③提供安静休息环境。

（2）风景林的密度特征

根据风景林内部树木的郁闭度（密度），可将风景林分为密林与疏林两类，其具体的密度特征：

表2　风景林密度特征

类　　别	树木郁闭度	道路场地密度（%）
风景林密林	0.7～1.0	5～10
风景林疏林	0.4～0.6	＜5
稀树草地	0.1～0.3	＜5
空旷草地	0.0～0.1	＜5

（3）单纯林设计

①造景特点：较雄伟壮观也可能显得单调抗逆性稍差。

②选材：应选生性强健、病虫害少、观赏性强的树种。

③设计要点：

a. 使林内疏密变化，林缘线曲折；

b. 使林类地面起伏，林冠线起伏，大苗高栽，小苗低栽，增大起伏度。

c. 林下由耐阴地被植物覆盖。

（4）混交林设计

①造景特点：景观丰富多彩，抗逆性强。

②选材：树木形相要有对比变化。常绿树 40%～80%，北方地区可低一些。落叶树 20%～60%，南方地区可低一些。花灌木 5%～10%。最好能耐半阴。

③方法：点状混交、块状混交与复层混交结合。

④设计要点：

a. 林缘。密闭与疏透结合，使林冠垂直成层，林缘线保持曲折。

b. 林内。疏密结合，有林中空地。

c. 林道处理。空间开合变化，道路自然弯曲，路旁花灌木及草花装饰。

三、花卉的种植设计

花卉的栽植形式有花坛、花境、花丛、花池、花台等。

（一）花坛

用花卉植物在规则几何形状的种植床内栽种成艳丽色块或精美图案的种植形式就是花

坛。花坛是草本花卉按规则式进行栽种时的主要形式。

1. 花坛的分类

（1）按设计形式分

①独立花坛：一般居中布置。

②组群花坛：即花坛群。

③带状花坛：长宽比 3∶1 以上。

④连续花坛：排成一列的花坛。

（2）按表现主题分

①花丛花坛：即盛花花坛，是以花的华丽色彩为表现主题的花坛。具有开花繁丽、花多叶少、花期一致的特征。

②模纹花坛：是以精美图案纹样为表现主题的花坛。一般采用色叶植物或花叶兼美的植物栽种而成。有以下几种形式：

a. 毛毡花坛，坛面修剪平整，无凹凸变化。

b. 浮雕式花坛，图案纹样有凹凸变化。

c. 采结花坛，植物纹样模拟绳结及编织物。

d. 带状模纹花坛，长是宽的 3 倍以上。

③标题式花坛：以图案纹样表现一定思想意义。有以下几种形式：

a. 文字花坛，以植物栽植成文字。

b. 标题式花坛、图徽花坛，用植物做成图标、徽记。

c. 肖像花坛，以概括图形表现人物肖像。

④立体模型式花坛：用各色植物覆盖在骨架表面而做成的植物立体造型形象。如亭、塔、长城等建筑物花坛，大象、孔雀等动物花坛，花瓶、花篮等器物花坛，日历花坛、时钟花坛等装饰物花坛。

2. 花坛设计要点

（1）花坛布置与环境

①面积确定：占场地总面积的 1/5～1/3。图案精细的花坛群，占地面积较小；反之，图案简单的则占地面积较广。

②花坛布局：一般应按中轴线对称布置。主花坛常为多轴对称的几何形，附属花坛两两之间相互对称。

③外形确定：花坛群外轮廓最好与周围场地形状相一致，而花坛群内部各花坛的形状则采取相互吻合的方式。

（2）花坛植物选择

①花丛花坛：要求繁花品种、花期长、花序高矮一致并且呈水平方向展开，如一串红、万寿菊、金盏菊、瓜叶菊、鸡冠花、千日红、百日草、石竹、金鱼草、高雪轮、矮牵牛、薰衣草等。

②其他花坛：要求植株矮小、枝叶细密、萌蘖性强、耐修剪、多年生，观赏期长，如五色苋、四季海棠、何氏凤仙、翠菊、孔雀草、藿香蓟、彩叶苏、佛甲草、银边翠、金边六月雪等。

（3）种植床设计

①床面：前低后高，周边低中央高；保持坡度角为 5°～10°，不得高于 25°。

②土厚：一、二年生草花为 20～30 cm；多年生草花与灌木为 40～60 cm。

③边缘石：尺寸为高 18～36 cm，厚 12～30 cm；材料用砖砌体、石材、矮栏边饰；装饰用装饰抹灰、豆石干粘饰面、外墙砖贴面、天然石面板贴面。

(二)花境

1. 概念、特征及类别

(1)概念

花境，是以多年生花卉为主组成的带状地段，花卉布置采取自然式块状混交，表现花卉群体的自然景观。

(2)特征

①立面：自然式花丛块状混交；

②平面：形状——长带形；长边——平行的直线边、平行的曲线边；前缘——有镶边植物。

(3)类别

①以设计方式分

a. 单面观赏花境(成单一斜面，有背景)；

b. 双面观赏花境(在道路广场中部地带)。

②以植物材料分

a. 一、二年生花境(用一、二年生草花)；

b. 球根花境(用多年生的球根花卉)；

c. 专类植物花境(同种植物的不同品种)；

d. 灌木花境(用花灌木作花境)；

e. 混合花境(用花灌木与多年生草花)。

2. 花境设计要点

(1)花境的布置

①在边界(各种境界线旁)；

②在路边(道路一侧或两侧)；

③布置环境在道路广场中线上(分车带或中轴线)；

④在墙前(建筑墙、围墙、挡土墙)；

⑤在草坪上(草坪中或草坪边缘)；

⑥在岸边(航线两侧的岸边)。

(2)花境植物配植

①配植方法：5～18 种花丛混交；有季节交替；有高低起伏；总体上前高后低。

②植物镶边：

表 3 花境植物镶边

宽度	高度
草皮 40～80 cm；花卉 25～50 cm	草本 15～20 cm；灌木 30～40 cm

(3)花境植物选择

①需花期长，花叶兼美，如翠菊、天竺葵、孔雀草、矮牵牛、一品红、风信子、郁金香、变叶

木等。

②宜花朵或花序垂直分布的植物,如唐菖蒲、金鱼草、玉簪花、醉鱼草、大丽菊、蜀葵、飞燕草等。

③要求适应性强,管理粗放,如葱兰、文殊兰、美人蕉、天竺葵、紫茉莉、姜花、五色梅等。

(三)花丛

1. 概念

由几株至十几株花卉植物丛状栽植形成的花卉群丛,就是花丛。花丛是花卉植物自然式种植的最小单元,主要起装饰环境的作用。

2. 种类

(1)单纯花丛:一种花卉的花丛。

(2)混交花丛:两种以上花卉混交。

3. 布置

在路边、路口、弯道处、林缘、坡地、庭园转角处或缀花草坪上。总之,在庭园中游人活动最频繁的区域,都适宜布置花丛。

(四)其他花卉种植形式

1. 花池

(1)种植床:低于地坪 7～20 cm;常有山石配景。

(2)植物:草花及花木均可。

(3)布置:在庭院中部、路边、墙前、台阶侧。

2. 花台

(1)设计高度:45～90 cm。双层组合式花台可高达 1.5 m。

(2)类型:独立花台、附属花台。

(3)布置位置:与花池同。距建筑物较近,在建筑庭院中。

(4)植物选择:多年生草花、花灌木、寓意性植物组合。

(5)景观形式:

①花灌木花台:牡丹、杜鹃、栀子、月季、山茶花等。

②草花丛花台:朱顶红、玉簪花、小菊类、菖蒲连等。

③山石植物小景:松石、竹石、蕉石、兰石、菊石等。

④植物组合造景:松、竹、梅"岁寒三友",佛手、万年青、南天竹"福寿齐天",梅、兰、竹、菊"四君子"等。

3. 花钵、花箱

(1)花钵和花箱是种植和展示花卉小群丛的容器。常见有水泥、玻璃钢、塑料制作的花钵,和用木箱、塑料箱、混凝土箱等做成的花箱。

(2)植物以色彩艳丽的时令草花为主。多为一、二年生草花,需随着季节不同而换季栽种,以保持随时有盛开的花卉。

(3)布置在街头、广场边、出入口、窗前、屋顶花园、阳台等环境。多在有硬铺装地面而不便种花之处。

四、攀援植物的种植设计

(一)攀援植物的作用

1. 垂直绿化作用：用于绿化墙面、墙顶、栏杆、花架、阳台、屋顶等。
2. 掩饰与装饰作用：掩饰园林卫生设施、水电设施及建筑、假山的欠佳处。
3. 环境保护作用：净化空气、减轻污染、改善庭院局部小气候条件。

(二)攀援植物的类型

1. 按生活型分

(1)木质藤本植物(木本藤)：爬墙虎、葡萄、紫藤、常绿油麻藤、常春藤、凌霄、金银花、鸡血藤、香花岩、豆藤、南蛇藤、使君子、猕猴桃等。

(2)草质藤本植物(草本藤)：牵牛花、茑萝、西番莲、白落葵、土三七、金瓜、小葫芦、栝楼、绿萝等。

(3)攀援状灌木：叶子花、木香(七里香)、七姊妹、蔷薇、络石、铁线莲等。

2. 按光照习性分

(1)喜阳植物：紫藤、葡萄、蔷薇、七姊妹、叶子花。

(2)耐阴植物：金银花、常春藤、络石、绿萝。

(三)攀缘植物种植设计

1. 墙垣绿化

(1)植物选择

①墙头：藤本与攀援、蔓性灌木；

②墙面：爬墙虎(地锦类)、岩爬藤、常春藤、络石。

(2)种植槽设计

宽>0.45 m，深>0.60 m。

(3)栽植株距

①墙头：2~4 m；

②墙面：0.3~1 m。

2. 棚架绿化

(1)棚架绿化形式

①花架栽植：设计建造各类花架。

②棚顶栽植：利用瓜果棚、车棚。

(2)植物选择

①木质藤本植物：紫藤、常绿油麻藤等。

②攀援状灌木：木香、蔷薇、七姊妹等。

(3)配植方法

①栽植形式：单边列植和双边错行列植。

②栽植株距:按棚架的柱距。一般为 3～4.2 m。

3．阳台与窗口绿化

(1)阳台

盆栽花卉装饰,一般盆栽与吊盆栽种。

(2)窗口

植物悬挂装饰,用茑萝、绿萝、喜林芋等。

4．假山与坡地绿化

(1)假山区

①在山石背面种攀援植物;

②植物"遮丑扬美";

③常修剪,维持植物形态。

(2)石坡地

作地被栽植,用草本藤、蔓性灌木。

五、水生植物的种植设计

(一)植物选用

1．挺水植物:菖蒲、香蒲、慈姑、茭白、水葱、水芹、鸢尾、席草、马蔺、马蹄莲、旱伞草、芦苇、芦竹。

2．浮叶根生植物:荷花、睡莲、王莲、莼菜、菱角、芡实、莕菜等。

3．漂浮植物:水浮莲(大藻)、水白菜、槐叶萍、绿萍、凤眼兰(慎用)。

4．沉水植物:金鱼藻、鱼草、轮叶黑藻、苦草、马来眼子菜等。

(二)水生植物池设计

1．设计形式

(1)沉床式;

(2)池塘式;

(3)沼地式;

(4)溢流式。

2．池底设计

(1)自然素土池底;

(2)阶梯式池底;

(3)斜坡式池底。

(三)植物配植要点

1．聚散种植,密度适当;要如同自然生长状态。

2．因地制宜,品种搭配;根据植物景观形象变化的要求和适应水深度的不同,分别搭配不同品种。

3. 控制生长,设施配套。池底围堰限制根的范围,水底土面盖石子层防止浑水,池底及池边的给水、排水设施等要配套。

六、草坪的种植设计

草坪是用多年生矮小草本植物密集栽种起来,并经修剪、滚压整理而成的人工草皮地面,草坪是园林地面绿化和美化的主要形式,是为园林色彩构图提供"底色"的一种植物种植方式,同时也是作为地被,使黄土不露天的主要手段。

(一)草坪植物选择

草坪植物的选择应依草坪的功能与环境条件而定。游憩活动草坪和体育草坪应选择耐践踏、耐修剪、适应性强的草坪草,如狗牙根、结缕草、马尼拉、早熟禾等。干旱少雨地区则要求草坪草具有抗旱、耐旱、抗病性强等特性,以减少草坪养护费用,如假俭草、狗牙根、野牛草等。观赏草坪则要求草坪植株低矮,叶片细小美观,叶色翠绿且绿叶期长等,如天鹅绒、早熟禾、马尼拉、紫羊茅等。护坡草坪要求选用适应性强、耐旱、耐瘠薄、根系发达的草种,如结缕草、白三叶、百喜草、假俭草等。湖畔河边或地势低凹处应选择耐湿草种,如剪股颖、细叶苔草、假俭草、两耳草等。树下及建筑阴影环境选择耐阴草种,如两耳草、细叶苔草、羊胡子草等。

(二)草坪坡度设计

草坪坡度大小因草坪的类型、功能和用地条件不同而异。

1. 体育草坪坡度。为了便于开展体育活动,在满足排水的条件下,一般越平越好,自然排水坡度为 0.2%～1%。如果场地具有地下排水系统,则草坪坡度可以更小。

(1)网球场草坪:草地网球场的草坪由中央向四周的坡度为 0.2%～0.8%,纵向坡度大一些,而横向坡度则小一些。

(2)足球场草坪:足球场草坪由中央向四周坡度以小于 1% 为宜。

(3)高尔夫球场草坪:高尔夫球场草坪因具体使用功能不同而变化较大,如发球区草坪坡度应小于 0.5%,果岭(球穴区或称球盘)一般以小于 0.5% 为宜,障碍区则可起伏多变,坡度可达到 15% 或更高。

(4)赛马场草坪:直道坡度为 1%～2.5%,转弯处坡度为 7.5%,弯道坡度为 5%～6.5%,中央场地草坪坡度为 1% 左右。

2. 游憩草坪坡度。规则式游憩草坪的坡度较小,一般自然排水坡度以 0.2%～5% 为宜。而自然式游憩草坪的坡度可大一些,以 5%～10% 为宜,通常不超过 15%。

3. 观赏草坪坡度。观赏草坪可以根据用地条件及景观特点,设计不同的坡度。平地观赏草坪坡度不小于 0.2%,坡地观赏草坪坡度不超过 50%。

(三)草坪给排水设计

1. 给水

(1)自来水管给水;

(2)设自动喷灌系统;

（3）高位水体给水。

2．排水

（1）地表排水、坡度排水、浅沟排水、汇水明渠排水；

（2）地下排水、雨水管渠排水、盲沟排水。

训练三　花坛花境设计

一、实训目标

通过实习，了解花坛花境在园林中的应用，掌握花坛花境设计的基本原理和方法，并达到能实际应用的能力。

二、设计原则

以园林美学为指导，充分表现植物本身的自然美以及花卉植物组成的图案美、色彩美或群体美。

三、实训要求

1．花坛设计

在环境中可作为主景，也可作配景。形式与色彩的多样性决定了花坛在设计上也有广泛的选择性。花坛的设计首先应使其风格、体量、形状诸方面与周围环境协调，其次才是花坛自身的特点。花坛的体量、大小应与花坛设计处的广场、出入口及周围建筑的高低成比例，一般不应超过广场面积的 1/3，不小于 1/5。花坛的外部轮廓应与建筑物边线、相邻的路边和广场的形状协调一致；色彩应与环境有所差别，既起到醒目和装饰作用，又与环境协调，融于环境之中，形成整体美。

2．花境设计

（1）植床设计

种植床是带状的，呈直线或曲线。大小选择取决于环境空间的大小，一般长轴不限，较大的可以分段（每段<20 m 为宜），短轴有一定要求，视实际情况而定。种植床有 2%～4% 的排水坡度。

（2）背景设计

单面观花境需要背景，依设置场所不同而异，较理想的是绿色的树篱或主篱，也可以墙基或棚栏为背景。背景与花境之间可以留一定的距离，也可不留。

（3）边缘设计

高床边缘可用自然的石块、砖块、碎瓦、木条等垒砌，平床多用低矮植物镶边，以 15～20 cm 高为宜。若花境前为园路，边缘用草坪带镶边，宽度≥30 cm。

（4）种植设计

①植物选择：全面了解植物的生态习性，综合考虑植物的株形、株高、花期、花色、质地等主要观赏特点。应注意以在当地能露地越冬、不需特殊养护且有较长的花期和较高的观赏价值的宿根花卉为主。

②色彩设计：色彩设计上应巧妙地利用花色来创造空间或景观效果。基本的配色方法有：类似色，强调季节的色彩特征；补色，多用于局部配色；多色，具有鲜艳热烈的气氛。色彩设计应注意与环境、季节相协调。

③立面设计：要有较好的立面观赏效果，充分体现群落的美，要求植株高低错落有致，花色层次分明。充分利用植物的株形、株高、花序以及质地等观赏特性，创造出丰富美观的立面景观。

④平面设计：平面种植采用自然块状混植方式，每块为一组花丛，各花丛大小有变化，将主花材植物分为数丛种在花境不同位置。

四、实训步骤

1. 分小组分区调查本市主要街道和绿地花坛花境类型或形式，并选取 2～3 个较好的花坛或花境实测与评价（主要以"十一"、"五一"为主要时期集中调查）。

2. 设计某处一国庆花坛，花材自选。说明定植方式、株行距、用花量及养护管理措施。

五、思考与作业

1. 比较花坛与花境的异同点。

2. 完成花坛、花境调查报告（每小组一份）。

3. 每人完成一套花坛、花境设计图，包括总平面图（比例尺 1：500～1：1000）、施工图（比例尺 1：20～1：50）、立面图（比例尺与平面图同）。复杂的花境或花坛要求画出断面图（比例尺 1：20～1：30）及其设计说明书。

【附录】花坛、花境技术规程

（上海市）

第一章　总则

1.0.1　为提高上海地区绿地花坛、花境的质量，规范花坛、花境的设计、材料、施工、养护等技术,特制定本规程。

1.0.2 本规程规定了花坛、花境的绿化技术要求,不包括土建技术规程。

1.0.3 本规程适应本市各类绿地中的花坛、花境。特殊要求花坛、花境也可参照执行。

1.0.4 花坛、花境的设计、材料、施工和养护管理,除符合本规程外,还需遵守现行国家标准、行业标准和上海市的有关标准和条例。

第二章 一般规定

2.1 花坛

2.1.1 花坛指绿地中应用花卉布置精细、美观的一种形式,用来点缀庭园。

2.1.2 花坛植物材料宜采用一、二年生花卉、部分球根花卉和其他温室育苗的草本花卉类。

2.1.3 花坛布置应选用花期、花色、株型、株高整齐一致的花卉,配置协调。

2.1.4 花坛应具有规则的、群体的、讲究图案(色块)效果的特点。

2.2 花境

2.2.1 花境指绿地中树坛、草坪、道路、建筑等边缘花卉的带状布置形式,用来丰富绿地色彩。花境植物应以宿根花卉为主。

2.2.2 花境的布置形式应以自然式为主。

2.2.3 花境应具有季相变化的,讲究纵向图案(景观)效果的特点。

第三章 花坛、花境的设计

3.0.1 街道绿地中花卉种植面积,一级绿地内应大于 8%,二级以上绿地内应大于 5%。

3.0.2 花坛面积应占花卉种植面积的 5%。

3.0.3 按所处的绿地类型及设置位置,花坛分成两个等级,花境分三个等级。

3.0.3.1 公园主要出入口处,主要景点、主要建设处和一级街道绿地内宜设置一级花坛。

3.0.3.2 公园内主要游览干道旁和二级以下的绿地内宜设置二级花坛。

3.0.3.3 公园主要景点(草坪、建筑)处及游览干道两旁宜设置一级花境。

3.0.3.4 公园树坛、树林边缘,居住区地绿地两旁宜设置二级花境。

3.0.3.5 公园树坛、树林边缘的带状区内宜设置三级花境。

3.0.4 花坛、花境的设计应配置合理、主题突出、具有独创性。

3.0.5 设计文件必须包括:图纸(平面图、剖面图、施工详图)、经费预算表和文字说明。

3.0.5.1 平面图:图纸比例根据地形、面积大小,可采用 1:20,1:50,1:100。附花卉的种类、品种、规格和数量。

3.0.5.2 剖面图:剖示花卉植物与地形和外环境的关系。可采用 1:20,1:

$50,1 : 100$。

  3.0.5.3 施工详图,可采用方格网或坐标表示。比例尺 $1 : 20,1 : 50$。

  3.0.5.4 必要时可附上效果图。

  3.0.6 花坛、花境设计选用的花卉种类必须正确,因地制宜、适地适种。

  3.0.7 花坛设计应附上二季(本季和下一季)花卉材料、种植时间。

第四章 花坛、花境的施工

4.1 施工

4.1.1 施工必须符合设计的要求。

4.1.2 施工前必须根据设计要求进行材料、场地、人工等的准备。

4.1.3 施工无法满足设计要求时,必须提前 7 天作出调整方案,并有保证落实的措施。

4.2 土壤的准备

4.2.1 种植表土层(30 cm)必须采用疏松、肥沃、富含有机质的培养土。翻土深度内土壤中必须清除杂草根、碎砖、石块等杂物,严禁含有有害物质和大于 1 cm 以上的石子等杂物。

4.2.2 对不利花卉生长的土壤必须用富含有机物质的培养土加以更换改良。

4.2.3 土壤改良时,必须采用充分发酵的有机物质。

4.2.4 土壤必须经过消毒,严禁含有病菌或对动植物有害的有毒物质。

4.2.5 土壤主要理化性状必须符合表 4.2.5 规定。

表 4.2.5 花坛、花境土壤主要理化性状要求

	一级花坛	两级花坛	一级花境	两、三级花境	备注
土壤的 pH 值	$6.0 \sim 7.0$	$6.6 \sim 7.5$	$6.5 \sim 7.5$	$7.1 \sim 7.5$	酸性花卉 $5 \sim 7$
土壤的容重(g/cm)	$\leqslant 1.0$	$\leqslant 1.2$	$\leqslant 1.25$	$\leqslant 1.30$	
有机质含量(%)	$\geqslant 3.0$	$\geqslant 2.5$	$\geqslant 2.5$	$\geqslant 2.0$	
通气孔隙度(%)	$\geqslant 15$	$\geqslant 10$	$\geqslant 10$	$\geqslant 5$	

  4.2.6 花坛土壤必须提前将土壤样品送到指定的土壤测试中心进行测试,并在种植花卉前取得符合要求的测试结果。

4.3 花卉材料的准备

4.3.1 花坛栽植的花卉应符合下列质量要求:

  4.3.1.1 花卉的主杆矮,具有粗壮的茎秆;基部分支强健,分蘖者必须有 $3 \sim 4$ 个分叉;花蕾露色。

  4.3.1.2 花卉根系完好,生长旺盛,无根部病虫害。

  4.3.1.3 开花及时,用于绿地时能体现最佳效果。

  4.3.1.4 花卉植株的类型标准化,如花色、株高、开花期等的一致性。

  4.3.1.5 植株应无病虫害和机械损伤。

4.3.1.6　观赏期长,在绿地中有效观赏期应保持 45 天以上。

4.3.1.7　花卉苗木的运输过程及运到种植地后必须有有效措施保证其湿润状态。

4.3.2　花境花卉应采用宿根花卉,部分球根花卉,配以一、二年生花卉和其他温室育苗草本花卉类。

4.3.3　花境栽植的花卉应符合下列质量要求:

4.3.3.1　宿根花卉,根系发育良好,并有 3~4 个芽;绿叶期长;无病虫害和机械损伤。

4.3.3.2　具根茎或球根性多年生草本花卉宜采用休眠期不需挖掘地下部分养护的种类;苗木健壮,生长点多。

4.3.3.3　观叶植物必须移植或盆栽苗,叶色鲜艳,观赏期长。

4.3.3.4　一、二年生花卉应符合花坛栽植花卉质量要求。

4.4　花坛、花境花卉的种植

4.4.1　施工人员必须经过技术培训,并具有相关知识与技术技能。

4.4.2　应按花坛设计要求的地形、坡度进行整地,做到表土平整,保证排水良好。

4.4.3　应按设计要求放样,根据花卉种类定好株行距,并按时种植。

4.4.4　种植时应仔细除去花盆及其他容器。必要时,适当疏松根系。

4.4.5　必须根据花卉种类仔细调节种植株行距,花苗种植深度以原生长在苗床、花盆或容器内的深度为准,严禁种植过深。

4.4.6　种植后应充分压实,覆土平整。

4.4.7　种植后应浇足水分,第二天再浇一次透水。视天气情况,一周内加强水分管理,宜每天清晨浇水。

第五章　花坛花境的养护、管理

5.1　花坛的养护、管理

5.1.1　根据天气情况,保证水分供应,宜清晨浇水,浇水时应防止将泥土冲到茎、叶上。

5.1.2　做好排水措施,严禁雨季积水。

5.1.3　花卉生长旺盛期应适当追肥,施肥量根据花卉种类而定。施肥后宜立即喷洒清水,严禁肥料沾污茎、叶面。

5.1.4　应及时做好病虫害防治工作。

5.1.5　花坛保护设施应经常保持清洁完好。

5.1.6　花坛换花期间,每年必须有 1 次以上土壤改良和土壤消毒。一级花坛每次换花期间白地裸露不得超过 14 天;二级花坛每次换花期间白地裸露不得超过 20 天。

5.1.7　花卉应生长健壮、花型正、花色艳、花期长。一级花坛全年观赏期不得少于 280 天;二级花坛必须做好"五一"、"十一"两大节日花坛的设计、施工计划,全年观赏期(包括观叶)不得少于 250 天。

5.1.8　花坛内应及时清除枯萎的花蒂、黄叶、杂草、垃圾;及时补种、换苗。一级花坛内应无缺株倒伏的花苗,无枯枝残花(残花量不得大于 10%);二级花坛内缺株倒苗不得超过

3～5处,无枯枝残花(残花量不得大于 15%)。

5.2　花境的养护、管理

5.2.1　应按计划及时做好花卉的补种、填充。

5.2.2　应根据所用花卉的习性及时更新翻种。

5.2.3　一级花境全年观赏期不得少于 200 天,三季有花,其中可以某一季为主花期。二级花境全年可以某一季为主花期,观赏期不得少于 150 天。三级花境生长良好的,一季观赏期不得少于 45 天。

5.2.4　修剪、整枝及时,花后及植株休眠期一级花境内残花枯枝不得大于 10%。二、三级花境内残花枯枝不得大于 15%。

5.2.5　每年植株休眠期必须适当耕翻表土层,并施入腐熟的有机肥,每平方米 1.0～1.5 kg。

5.2.6　一级花境冬季空秃的白地裸露不得超过 20 天。二级花境冬季空秃的白地裸露不得超过 30 天。

5.2.7　及时做好病虫害防治工作。

5.2.8　应落实日常养护,做到无杂草垃圾。

5.2.9　花境防护设施必须经常保持清洁完好无损。

附加说明

本规程主编单位和主要起草人名单

主编单位:上海市园林管理局。

主要起草人:孔庆慧、叶剑秋、曹桂兰。

条文说明

2.1.2　一、二年生花卉:一年内完成生活史的草本观赏植物。常分成春播秋花类(如一串红)和秋播春花类(如三色堇)。

球根花卉:指植物地下部分具变态茎,或变态根,以其储存养分并渡过休眠期的多年生草本观赏植物。

2.2.1　宿根花卉:(多年生草本花卉)生命能延续多年,包括终年常绿花卉和地上部分于花后枯萎,以芽或根蘖或地下部分越冬或越夏的草本观赏植物。

3.0.1　一级绿地:城市主要出入口处,城市主干道旁和城市主要活动中心处所设置的街道绿地。

二级绿地:区、县主干道旁和区、县主要活动中心处设置的街道绿地。

3.0.3.2　带状花境:花卉呈带状种植,沿绿地、树坛、树林的边缘布置起分界作用,或绿地间起分割作用的简单花境,又称花带。

4.2.3　发酵:配置花卉种植培养土的材料发酵过程中会产生高温伤害植物,或产生的菌类消耗土壤中的养分。

4.2.4　土壤消毒:对种植花卉的土壤进行消毒是花卉生长良好的必要条件。常用的方法有化学药剂消毒和高温蒸气消毒。

4.2.5　土壤理化性状要求:指土壤的 pH 值、有机质含量、容重、通气性、排水性等。土壤 pH 值可根据种植花卉的习性调节。

4.3.4.2　根茎或球根性多年生草本花卉:指栽培管理同宿根花卉的多年生草本花卉,尽管具变态根或变态茎。

5.2.1　补种:花境的主要材料宿根花卉有枯叶期,期间需用些其他花卉如一、二年生花卉等来补充,增加观赏期。

5.2.2　主花期:花境虽是常年观赏的花卉布置形式,但总有个高潮,即一年中观赏期最好的时期。

5.2.4　修剪、整枝:多年生草本花卉在花后,枯叶期需要将残花和枯枝烂叶剪除,将多余的枝修去。

训练四　城市道路绿地设计

一、实训目标

掌握道路绿地的形式、种植设计的方式、树种搭配与组合等。

二、实训内容

三板四带式道路绿地设计

三、实训准备

测量仪器、绘图工具等。

四、实训步骤

1. 调查当地的土壤、地质条件,了解适宜树种选择范围。
2. 对比当地其他道路绿地设计方案,不得雷同与仿造。
3. 测量路面各组成要素的实际宽度及长度、绘制平面状况图。
4. 构思设计总体方案及种植形式,完成初步设计(草图)。

5. 正式设计。绘制设计图纸,包括立面图、平面图、剖面图及图例等。

五、思考与作业

每人完成一套设计图纸,并附设计说明书一份。

【附录】城市道路绿化规划与设计规范(CJJ75-97)

1 总 则

1.0.1 城市道路绿化是城市道路的重要组成部分,在城市绿化覆盖率中占较大比例。随着城市机动车辆的增加,交通污染日趋严重,利用道路绿化改善道路环境,已成当务之急。城市道路绿化也是城市景观风貌的重要体现。目前,我国城市道路建设发展迅速,为使道路绿化更好发挥绿化功能,协调道路绿化与相关市政设施的关系,利于行车安全,有必要统一技术规定,以适应城市现代化建设需要。

1.0.2 本规范的适用范围是用于城市的主干路、次干路、支路用地,公共广场用地与公共使用停车场用地范围内的绿地规划与设计。

1.0.3 道路绿化规划与设计基本原则:

1.0.3.1 城市道路绿化主要功能是庇荫、滤尘、减弱噪声、改善道路沿线的环境质量和美化城市。以乔木为主,乔木、灌木、地被植物相结合的道路绿化,防护效果最佳,地面覆盖最好,景观层次丰富,能更好地发挥其功能作用。

1.0.3.2 为保证道路行车安全,对道路绿化提出两方面要求。

一、行车视线要求。其一,在道路交叉口视距三角形范围内和弯道内侧的规定范围内种植的树木不影响驾驶员的视线通透,保证行车视距;其二,在弯道外侧的树木沿边缘整齐连续栽植,预告道路线形变化,诱导驾驶员行车视线。

二、行车净空要求。道路设计规定在各种道路的一定宽度和高度范围内为车辆运行的空间,树木不得进入该空间。具体范围应根据道路交通设计部门提供的数据确定。

1.0.3.3 城市道路用地范围空间有限,在其范围内除安排机动车道、非机动车道和人行道等必不可少的交通用地外,还需安排许多市政公用设施,如地上架空线和地下各种管道、电缆等。道路绿化也需安排在这个空间里。绿化树木生长需要有一定的地上、地下生存空间,如得不到满足,树木就不能正常生长发育,直接影响其形态和树龄,影响道路绿化所起的作用。因此,应统一规划,合理安排道路绿化与交通、市政等设施的空间位置,使其各得其所,减少矛盾。

1.0.3.4 适地适树是指绿化要根据本地区气候、栽植地的小气候和地下环境条件选择适于在该地生长的树木,以利于树木的正常生长发育,抗御自然灾害,保持较稳定的绿化成果。

植物伴生是自然界中乔木、灌木、地被等多种植物相伴生长在一起的现象,形成植物群落景观。伴生植物生长分布的相互位置与各自的生态习性相适应。地上部分,植物树冠、茎叶分布的空间与光照,空气温度、湿度要求相一致,各得其所;地下部分,植物根系分布对土壤中营养物质的吸收互不影响。道路绿化为了使有限的绿地发挥最大的生态效益,可以进行人工植物群落配置,形成多层次植物景观,但要符合植物伴生的生态习性要求。

1.0.3.5　古树是指树龄在百年以上的大树。名木是指具有特别历史价值或纪念意义的树木及稀有、珍贵的树种。道路沿线的古树名木可依据《城市绿化条例》和地方法规或规定进行保护。

1.0.3.6 道路绿化从建设开始到形成较好的绿化效果需十几年的时间。因此,道路绿化规划设计要有长远观点,绿化树木不应经常更换、移植。同时,道路绿化建设的近期效果也应重视,使其尽快发挥功能作用。这就要求道路绿化远近期结合,互不影响。

2　术　语

本章术语是对本规范涉及的主要用词给予统一规定,以利于对本规范内容的正确理解和使用。

本规范对道路绿地的规定是指《城市用地分类与规划建设用地标准》(GBJ137-90)中确定的道路广场用地范围内的绿化用地。其中属于广场用地范围内的绿地为广场绿地,属于社会停车场用地范围内的绿地为停车场绿地,位于交通岛上的绿地为交通岛绿地,位于道路用地范围(道路红线以内范围)的绿地多为带状,故称为道路绿带。

道路绿带根据其布设位置又分为中间分车绿带、两侧分车绿带、行道树绿带和路侧绿带。行道树绿带常见有两种,一种是仅种植一排行道树,树下留有树池;另一种是行道树下成带状配置地被植物和灌木,形成复层种植的绿带。路侧绿带常见的有三种,一种是因建筑线与道路红线重合,路侧绿带毗邻建筑布设;第二种是建筑退让红线后留出人行道,路侧绿带位于两条人行道之间。第三种是建筑退让红线后在道路红线外侧留出绿地,路侧绿带与道路红线外侧绿地结合。

道路红线外侧绿地有街旁游园、宅旁绿地、公共建筑前绿地等,这些绿地虽不统计在道路绿化用地范畴内,但能加强道路的绿化效果。

停车场绿地包括停车场周边绿地和在停车间隔带绿化。

道路绿地率的计算是采用简化方式,因道路绿地多以绿带分布在道路上,各种绿带宽度之和占道路总宽度的百分比近似道路绿地面积与道路总面积的百分比。计算时,对仅种植乔木的行道树绿带宽度按 1.5 m 计;对乔水下成带状配置地被植物,宽度大于 1.5 m 的行道树绿带按实际宽度计。

园林景观路是位于城市重点路段,对道路沿线的景观环境要求较高,通过提高道路绿化水平,更好地体现城市绿化景观风貌。

道路绿地相关名词术语可参照图1道路绿地名称示意图。

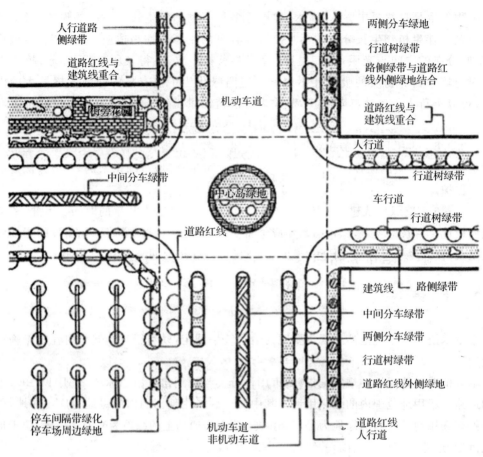

图1　道路绿地名称示意图

3　道路绿化规划

3.1　道路绿地率指标

3.1.1　道路绿化用地是城市道路用地中的重要组成部分。在城市规划的不同阶段,确定不同级别城市道路红线位置时,根据道路的红线宽度和性质确定相应的绿地率,可保证道路的绿化用地,也可减少绿化与市政公用设施的矛盾,提高道路绿化水平。

3.1.2　道路绿地率指标是通过在一些城市调研和参考有关规范、资料的基础上制定的。主要依据是:(1)对我国的9个城市111条现状与规划道路的绿地率进行分析,其中:红线宽度小于40 m的道路28条,平均绿地率是27.3%;红线宽度为40~50 m的道路58条,平均绿地率是25.0%;红线宽度大于50 m的道路25条,平均绿地率是28.1%。(2)《城市道路设计规范》中规定道路绿地率为15%~30%。(3)《北京市绿化条例》规定道路绿地率是:主干路不低于30%,次干路不低于20%。(4)国外一些大城市绿化景观较好的道路,其绿地率为30%～40%。

本规范制定的道路绿地率不同于《城市道路设计规范》规定的指标是因为将行道树绿带按1.5 m宽度统计在绿带中。这样计算是考虑到行道树的实际占地需要,也是为了在统计中口径统一。另外,本规范只规定下限,不规定上限,不约束道路绿地向高标准发展。

本规范根据道路性质提出园林景观路绿地率不低于40%,是因为园林景观路对绿化要求高,需要用绿化来装饰街景,故此需要较多的绿地。此外,本规范考虑我国道路用地的实际情况,根据道路的红线宽度分档制定相应的绿地率,便于应用。大于50 m宽度的道路一般为大城市的主干路,其绿地率不低于30%。其一,是因为主干路车流量大,交通污染严重,需要用绿化加以防护,因此需要较多的绿地;其二,主干路路幅较宽,有可能安排较多的绿化用地。小于40 m宽度的道路,其性质、断面形式多样,绿地率的下限是20%,可以满足交通用地的需要与保证道路有基本的绿化用地。

3.2 道路绿地布局与景观规划

3.2.1 道路绿地布局

3.2.1.1 在道路绿带中,分车绿带所起的隔离防护和美化作用突出,分车带上种植乔木,可以配合行道树,更好地为非机动车道遮阴。1.5 m宽的绿带是种植和养护乔木的最小宽度,故种植乔木的分车绿带的宽度不得小于1.5 m。在2.5 m宽度以上的分车绿带上进行乔木、灌木、地被植物的复层混交,可以提高隔离防护作用。主干路交通污染严重,宜采用复层混交的绿化形式,所以主干路上的分车绿带宽度不宜小于2.5 m。此外,考虑公共交通开辟港湾式停靠站也应有较宽的分车带。行道树种植和养护管理所需用地的最小宽度为1.5 m,因此行道树绿带宽度不应小于1.5 m。

3.2.1.2 主、次干路交通流量大,行人穿越不安全;噪声、废气和尘埃污染严重,不利于身心健康,故不应在主、次干路的中间分车绿带和交通岛上布置开放式绿地。

3.2.1.3 道路红线外侧其他绿地是指街旁游园、宅旁绿地、公共建筑前绿地、防护绿地等。路侧绿带与其他绿地结合,能加强道路绿化效果和绿化景观。

3.2.1.4 道路两侧环境条件差异较大,主要是指如下两个方面:其一,在北方城市的东西向道路的南北两侧光照、温度、风速等条件差异较大,北侧的绿地条件较好;其二,濒临江、河、湖、海的道路,靠近水边一侧有较好的景观条件。将路侧绿带集中布置在条件较好的一侧,可以有利于植物生长,更好地发挥绿化景观效果及游憩功能。

3.2.2 道路绿化景观规划

3.2.2.1 道路绿化是城市绿地系统的重要组成部分,它可以体现一个城市的绿化风貌与景观特色。园林景观路是道路绿化的重点,主干路是城市道路网的主体,贯穿于整个城市。因此,应在城市绿地系统规划中对园林景观路和主干路的绿化进行整体的景观特色规划。园林景观路的绿化用地较多,具有较好的绿化条件,应选择观赏价值高的植物,合理配置,以反映城市的绿化特点与绿化水平。主干路贯穿于整个城市,其绿化既应有一个长期稳定的绿化效果,又应形成一种整体的景观基调。主干路绿地率较高,绿带较多,植物配置要考虑空间层次,色彩搭配,体现城市道路绿化特色。

3.2.2.2 同一条道路的绿化具有一个统一的景观风格,可使道路全程绿化在整体上保持统一协调,提高道路绿化的艺术水平。道路全程较长,分布有多个路段,各路段的绿化在保持整体景观统一的前提下,可在形式上有所变化,使其能够更好地结合各路段环境特点,景观上也得以丰富。

3.2.2.3 同一条路段上分布有多条绿带,各绿带的植物配置相互配合,使道路绿化有层次、有变化、景观丰富,也能较好地发挥绿化的隔离防护作用。

3.2.2.4 城市中绝大部分是建筑物、构筑物林立的人工环境,山、河、湖、海等自然环境在城市中是十分可贵的。城市道路毗邻自然环境,其绿化应不同于一般道路上的绿化,要结合自然环境,展示出自然风貌。

3.3 树种和地被植物选择

3.3.1 城市道路环境受到许多因素影响,不同地段的环境条件可能差异较大,选择的植物首先要适应栽植地的环境条件,使之能生长健壮,绿化效果稳定。其次,在满足首要条件的情况下,宜优先选用一些能够体现城市绿化风貌的树种,更好发挥道路绿化的美化作用。

3.3.2 落叶乔木在冬季可以减少对阳光的遮挡,提高地面温度,在北方寒冷地区可使地面冰雪尽快融化。

3.3.3 落果对行人不会造成危害的树种是指行道树的落果不致砸伤树下行人和污染行人衣物。

4 道路绿带设计

4.1 分车绿带设计

4.1.1 分车绿带靠近机动车道,其绿化应形成良好的行车视野环境。分车绿带绿化形式简洁、树木整齐一致,使驾驶员容易辨别穿行道路的行人,可减少驾驶员视觉疲劳。相反,植物配置繁乱,变化过多,容易干扰驾驶员视线,尤其在雨天、雾天影响更大。分车带上种植的乔木,其树干中心至机动车道路缘石外侧距离不宜小于 0.75 m 的规定,主要是从交通安全和树木的种植养护两方面考虑。

4.1.2 在中间分车绿带上合理配置灌木、灌木球、绿篱等枝叶茂密的常绿植物能有效地阻挡对面车辆夜间行车的远光,改善行车视野环境。具体数据引自《环境绿地》一书。

4.1.3 分车绿带距交通污染源最近,其绿化所起的滤减烟尘、减弱噪声的效果最佳。两侧分车绿带对非机动车有庇护作用。因此,两侧分车带宽度在 1.5 m 以上时,应种植乔木,并宜乔木、灌木、地被植物复层混交,扩大绿量。道路两侧的乔木不宜在机动车道上方搭接,是避免形成绿化"隧道",有利于汽车尾气及时向上扩散,减少汽车尾气污染道路环境。

4.1.4 分车绿带端部采取通透式栽植,是为穿越道路的行人或并人的车辆容易看到过往车辆,以利行人、车辆安全。具体执行时,其端部范围应依据道路交通相关数据确定。

4.2 行道树绿带设计

4.2.1 行道树绿带绿化主要是为行人及非机动车庇荫,种植行道树可以较好地起到庇荫作用。在人行道较宽、行人不多或绿带有隔离防护设施的路段,行道树下可以种植灌木和地被植物,减少土壤裸露,形成连续不断的绿化带,提高防护功能,加强绿化景观效果。当行道树绿带只能种植行道树时,行道树之间采用透气性的路面材料铺装,利于渗水通气,改善土壤条件,保证行道树生长,同时也不妨碍行人行走。

4.2.2 行道树种植株距不小于 4 m,是使行道树树冠有一定的分布空间,有必要的营养面积,保证其正常生长,同时也是便于消防、急救、抢险等车辆在必要时穿行。树干中心至路缘石外侧距离不小于 0.75 m,是利于行道树的栽植和养护管理,也是为了树木根系的均衡分布、防止倒伏。

4.2.3 快长树胸径不得小于 5 cm,慢长树胸径不宜小于 8 cm 的行道树种植苗木的标准,是为了保证新栽行道树的成活率和在种植后较短的时间内达到绿化效果。

4.3 路侧绿带设计

4.3.1 路侧绿带是道路绿化的重要组成部分。同时,路侧绿带与沿路的用地性质或建筑物关系密切,有些建筑要求绿化衬托;有些建筑要求绿化防护;有些建筑需要在绿化带中留出入口。因此,路侧绿带设计要兼顾街景与沿街建筑需要,应在整体上保持绿带连续、完整、景观统一。

4.3.2 路侧绿带宽度在 8 m 以上时,内部铺设游步道后,仍能留有一定宽度的绿化用地,而不影响绿带的绿化效果。因此,可以设计成开放式绿地,方便行人进入游览休息,提高绿地的功能作用。开放式绿地中绿化用地面积不得小于 70％的规定是参照现行行业标准《公园设计规范》(CJJ48-92)制定的。

本《规范》由建设部中国城市规划设计研究院主编,上海市园林设计院、南京市园林规划设计院等单位参加共同编制。

训练五 城市广场绿地设计

一、实训目标

了解文化广场设计特点、基本要求和内容,掌握其设计方法。

二、实训内容

文化娱乐休闲广场绿地设计。

三、实训准备

测绘仪器、绘图工具等。

四、实训步骤

1. 了解当地市民的风俗习性、兴趣爱好,确定设计风格。
2. 了解地形、地质、地貌、水文等自然条件。
3. 策划设计方案,划分功能区域,测绘整体及各区形状图。
4. 正式设计,完成平面图、效果图绘制。

五、思考与作业

完成设计图一份,设计说明书一份。

【附录】城市广场绿地设计基本要求

一、集会广场

集会广场一般用于政治、文化集会,庆典,游行,检阅,礼仪,民间传统节日等活动。这类广场不宜过多布置娱乐性建筑和设施。

集会广场一般都位于城市中心地区。这类性质的广场,也是政治集会、政府重大活动的公共场所,如天安门广场、上海人民广场、兰州市中心广场等。在规划设计时,应根据游行检阅、群众集会、节日联欢的规模和其他设置用地需要,同时要注意合理地布置广场与相接道路的交通路线,以保证人群、车辆的安全、迅速汇集与疏散。

集会广场中还包括宗教广场,它一般在教堂、寺庙及礼堂前举行宗教庆典、集会、游行。宗教广场上设有供宗教礼仪、祭祀、布道用的平台、台阶敞廊。历史上宗教广场有时与商业广场结合在一起。而现代宗教广场已逐渐起到市政广场和娱乐性广场的作用。

集会广场是反映城市面貌的重要部位,因此在广场设计时,都要与周围的建筑布局协调,无论平面立面、透视感觉、空间组织、色彩和形体对比等,都应起到相互烘托、相互辉映的作用,反映出中心广场非常壮丽的景观。

常用的广场几何图形为矩形、正方形、梯形、圆形或其他几何形状的组合。不论哪一种形状,其比例应协调,对于长与宽比例大于3的广场,无论从交通组织、建筑布局、艺术造型和绿地设计等方面都会产生不良的效果。因此,一般长宽比例以 4:3、3:2、2:1 为宜。同样,广场的宽度与四周建筑物的高度也应有适当的比例,一般以 3~6 倍为宜。

广场及其相接道路的交通组织甚为重要。为了避免主干线上的交通对广场的干扰,在城市道路规划与设计中,必须禁止快速干道和主干道上过境交通穿越广场。有时,为了安全、整齐,应规定不允许载重汽车出入广场。

广场内应设有灯杆照明、绿化花坛等,起到点缀、美化广场以及组织内外交通的作用。

另外,在广场横断面设计中,在保证排水的情况下,应尽量减少坡度,以使场地平坦。

广场中心一般不设置绿地,多为水泥铺设,但在节日又不举行集会时可布置活动花卉、摆放盆花等,以创造节日新鲜、繁荣的欢乐气氛。在主席台、观礼台的两侧和背面则需绿化,常配置常绿树,树种要与广场四周建筑相协调,达到美化广场及城市的效果。

集散广场是聚集、疏散流动人口与车辆的场地。基本有两类,一是各种交通站前广场;二是影剧院、文化宫、公园、展览与体育馆(场)、宾馆等建筑前广场。

集散广场绿地设计的基本原则是在满足人口及车辆集散功能的前提下,与主体建筑相协调,构成衬托主体建筑、美化环境、改善城市面貌的丰富景观。基本布局是周边以种植乔木或设绿篱为主,场面上种植草坪,设花坛,起交通岛作用,还可设置喷泉、雕像,或山水小品、建筑小品、座椅等。

二、纪念广场

纪念广场主要是为纪念某些历史名人或某些事件的广场。它包括纪念广场、陵园广场、陵墓广场等。

纪念广场是在广场中心或侧面以设置突出的纪念雕塑、纪念碑、纪念塔、纪念物和纪念性建筑等作为标志物。主体标志物应位于构图中心,其布局和形式应满足纪念气氛及象征的要求。广场本身应成为纪念性雕塑或纪念碑底座的有机组成部分。广场在设计中应体现良好的观赏效果,以供人们瞻仰,例如上海鲁迅墓广场、哈尔滨防洪纪念塔广场。

必须严禁交通车辆在广场内行驶。另外,广场上应充分考虑绿化、建筑小品等,使整个广场配合协调,形式庄严、肃穆。

纪念广场有时也与政治广场、集会广场合并设置为一体,例如北京的天安门广场。其绿地设计,首先要按广场的纪念意义、主题,形成相应、统一的形式、风格,如庄严、雄伟、简洁、娴静、柔和等。其次,绿化要选具有代表性的树种或花木,如广场面积不大,则选择与纪念性相协调的树种,加以点缀、映衬。塑像侧面布置浓重、苍翠的树种,创造严肃或庄重的气氛;纪念堂侧面铺设草坪,创造娴静、开朗的境界。如北京天安门南部,以毛主席纪念堂为主体和中心,以松、柳为主配树种,周围以矮柏为绿篱,构成了多功能、政治性、纪念性的绿地。

三、交通广场

交通广场包括站前广场和道路交通广场。交通广场是城市交通系统的有机组成部分,它是连接交通的枢纽,起交通、集散、联系、过渡及停车的作用,并有合理的交通组织。交通广场可以从竖向空间布局上进行规划设计,以解决复杂的交通问题,分隔车流和人流。它应满足畅通无阻、联系方便的要求,有足够的面积及空间以满足车流、人流的安全需要。

交通广场,是人流集散较多的地方,如火车站、飞机场、轮船码头等站前广场,剧场、体育场(馆)、展览馆、饭店、旅馆等大型公共建筑物前的广场,以及道路公共交通的专用交通广场等。

交通广场作为城市交通枢纽的重要设施之一,它不仅具有组织和管理交通的功能,也具有修饰街景的作用,特别是站前广场备有多种设施,如人行道、车道、公共交通换乘站、停车场、人群集散地、交通岛、公共设施（休息亭、公共电话、厕所）、绿地以及排水、照明等。

交通广场主要是通过几条道路相交的较大型交叉路口，其功能是组织交通。由于要保证车辆、行人顺利及安全地通行，组织简捷明了的交叉口，现代城市中常采用环形交叉口广场，特别是 4 条以上的车道交叉时，环交广场设计采用更多。

这种广场不仅是人流集散的重要场所，往往也是城市交通的起、终点和车辆换乘地。在设计中应考虑到人与车流的分隔，进行统筹安排，尽量避免车流对人流的干扰，要使交通线路简易明确。

交通广场绿地设计要有利于组成交通网，满足车辆集散要求，种植必须服从交通安全，构成完整的色彩鲜明的绿化体系。有绿岛、周边式与地段式三种绿地形式。

绿岛是交通广场中心的安全岛。可种植乔木、灌木，并与绿篱相结合。面积较大的绿岛可设地下通道，围以栏杆。面积较小的绿岛可布置大花坛，种植一年生或多年生花卉，组成各种图案，或种植草皮，以花卉点缀。冬季长的北方城市，可设置雕像与绿化相结合，形成景观。周边式绿化是在广场周围地进行绿化，种植草皮、矮花木，或围以绿篱。地段式绿化是将广场上除行车路线外的地段全部绿化，种植除高大乔木外，花草、灌木皆可。形式活泼，不拘一格。特大交通广场常与街心小游园相结合，如沈阳市中山广场、大连市劳动广场等。

四、文化娱乐休闲广场

任何传统和现代广场均有文化娱乐休闲的性质，尤其在现代社会中，文化娱乐休闲广场已成为广大民众最喜爱的重要户外活动场所，它可有效地缓解市民工作之余的精神压力和疲劳。在现代城市中应当有计划地修建大量的文化娱乐休闲广场，以满足广大民众的需求。

五、商业广场

商业广场包括集市广场、购物广场，用于集市贸易、购物等活动，或者在商业中心区以室内外结合的方式把室内商场与露天、半露天市场结合在一起。商业广场大多采用步行街的布置方式，使商业活动区集中，既便于购物，又可避免人流与车流的交叉，同时可供人们休息、郊游、饮食等。商业性广场宜布置各种城市中具有特色的广场设施。

训练六　居住区小游园设计

一、实训目标

掌握居住区小游园设计的步骤、要求、方法。

二、实训准备

测量用具、绘图工具、现有的图面材料。

三、实训步骤

1. 相关资料收集与调查。主要包括土壤条件、环境条件、社会经济条件、人口及其密度，知识层次分析，现有植物状况等。

2. 实地考察测量。通过考察与测量，绘制现状图、树木分布图。

3. 规划与设计。主要是图面的规划与设计，完成下列内容：

(1)功能分区规划图；

(2)植物种植设计图；

(3)植物种植设计放大图。

4. 种前需要量统计表。

5. 编制设计说明书。

四、实训要求

每人完成一份设计图及设计说明书。

训练七 宅间绿地设计

一、实训目标

掌握不同住宅建筑形式及其布局的宅间绿化方法，熟悉不同类型宅间绿地设计的要求。

二、实训准备

测量仪器、绘图工具等。

三、实训内容

1. 低层行列宅间的绿化。

2. 周边式居住建筑群中部空间的绿化。

3. 多单元式住宅的四周绿化。

4. 庭院绿化。

5. 散点式建筑的宅间绿化。

6. 住宅建筑旁的绿化。

四、实训步骤

1. 依据实训内容,调查、搜集不同居住区建筑布置形式的情况。

2. 实地考察与调查居住区居民的绿化要求。

3. 对设计对象考查与测量,绘制绿化现状图。

4. 总体设计并形成种植设计图,设计效果图。

5. 编制种苗需要量统计表。

6. 编制设计说明书。

五、实训要求

每人完成不少于 3 种居住区建筑布置形式的宅间绿化植物种植设计,要求图文材料完整。

【附录】居住区绿地设计规范

(北京市)

1 范围

本标准规定了居住区绿地规划原则、居住区绿地设计一般要求、开放式绿地设计、封闭式绿地设计、居住区道路和停车场绿化设计。

本标准适用于北京市新建和改建居住区绿地的规划设计和工程验收。

2 规范性引用文件

下列文件中的条款通过本标准的引用而成为本标准的条款。凡是注日期的引用文件,其随后所有的修改单(不包括勘误的内容)或修订版均不适用于本标准,然而,鼓励根据本标准达成协议的各方研究是否可使用这些文件的最新版本。① 凡是不注日期的引用文件,其

---

① 编者说明:设计、施工单位与客户根据标准达成协议后,可以考虑是否按这些文件的最新版本执行。

最新版本适用于本标准。

　　GBJ 85 灌工程技术规范

　　CJJ 48-92 公园设计规范(1993-01-01)

　　CJJ 75-97 城市道路绿化规划与设计规范(1998-05-01)

3　术语和定义

下列术语和定义适用于本标准。

3.1　居住区绿地

在城市规划中确定的居住用地范围内的绿地和居住区公园。包括居住区、居住小区以及城市规划中零散居住用地内的绿地。

3.2　开放式绿地

引导居民进入,为居民提供休憩的绿地。一般包括居住区公园、小区游园、组团绿地以及按开放式绿地设计的宅间绿地等。

3.3　封闭式(装饰性)绿地

以观赏为主,不引导居民进入,主要用于改善居住区局部生态环境和美化居住环境的绿地。一般包括宅间绿地和建筑基础绿地。

3.4　居住区公园

在城市规划中,按居住区规模建设的,具有一定活动内容和设施的配套公共绿地。

3.5　小区游园

为一个居住小区配套建设的,具有一定活动内容和设施的集中绿地。

3.6　组团绿地

直接靠近住宅建筑,结合居住建筑组群布置的绿地。具有一定的休憩功能。

3.7　宅间绿地

在居住用地内,住宅建筑之间的绿化用地。通常以封闭式观赏绿地为主。

3.8　建筑基础绿地

在居住区内各种建筑物(构筑物)散水以外,用于建筑基础美化和防护的绿化用地。

3.9　居住区道路

为居住区交通服务,并用于划分和联系居住区内的各个小区的道路。

4　居住区绿地规划原则

　　4.1　居住用地内的各种绿地应在居住区规划中按照有关规定进行配套,并在居住区详细规划指导下进行规划设计。居住区规划确定的绿化用地应当作为永久性绿地进行建设。必须满足居住区绿地功能,布局合理,方便居民使用。

　　4.2　小区以上规模的居住用地应当首先进行绿地总体规划,确定居住用地内不同绿地的功能和使用性质;划分开放式绿地各种功能区,确定开放式绿地出入口位置等,并协调相关的各种市政设施,如用地内小区道路,各种管线,地上、地下设施及其出入口位置等;进行植物规划和竖向规划。

4.3 居住区开放式绿地应设置在小区游园、组团绿地中,可安排儿童游戏场、老人活动区、健身场地等。如居住区规划未设置小区游园,或小区游园、组团绿地的规模满足不了居民使用时,可在具有开放条件的宅间绿地内设置开放式绿地。

4.4 组团绿地的面积一般在 1000 m² 以上,宜设置在小区中央,最多有两边与小区主要干道相接。

4.5 宅间绿地及建筑基础绿地一般应按封闭式绿地进行设计。宅间绿地宽度应在 20 m 以上。

4.6 居住区绿地应以植物造景为主。必须根据居住区内外的环境特征、立地条件,结合景观规划、防护功能等,按照适地适树的原则进行植物规划,强调植物分布的地域性和地方特色。植物种植的选择应符合以下原则:

4.6.1 适应北京地区气候和该居住区的区域环境条件,具有一定的观赏价值和防护作用的植物。

4.6.2 应以改善居住区生态环境为主,不宜大量使用边缘树种、整形色带和冷季型观赏草坪等。

5 居住区绿地设计一般要求

5.1 在居住区绿地总体规划的指导下,进行开放式绿地或封闭式绿地的设计。绿地设计的内容包括:绿地布局形式、功能分区、景观分析、竖向设计、地形处理、绿地内各类设施的布局和定位、种植设计等,提出种植土壤的改良方案,处理好地上和地下市政设施的关系等。

5.2 居住区内如以高层住宅楼为主,则绿地设计应考虑鸟瞰效果。

5.3 居住区绿地种植设计应按照以下要求进行:

5.3.1 充分保护和利用绿地内现状树木。

5.3.2 因地制宜,采取以植物群落为主,乔木、灌木和草坪地被植物相结合的多种植物配置形式。

5.3.3 选择寿命较长、病虫害少、无针刺、无落果、无飞絮、无毒、无花粉污染的植物种类。

5.3.4 合理确定快、慢长树的比例。慢长树所占比例一般不少于树木总量的 40%。

5.3.5 合理确定常绿植物和落叶植物的种植比例。其中,常绿乔木与落叶乔木种植数量的比例应控制在 1:3~1:4 之间。

5.3.6 在绿地中,乔木、灌木的种植面积比例一般应控制在 70%,非林下草坪、地被植物种植面积比例宜控制在 30% 左右。

5.4 根据不同绿地的条件和景观要求,在以植物造景为主的前提下,可设置适当的园林小品,但不宜过分追求豪华性和怪异性。

5.5 绿化用地栽植土壤条件应符合 CJJ 48-92 的有关规定。

5.6 居住区绿地内的灌溉系统应采用节水灌溉技术,如喷灌或滴灌系统,也可安装上水接口灌溉。喷灌设计应符合 GBJ 85 的规定。

5.7 绿地范围内一般按地表径流的方式进行排水设计,雨水一般不宜排入市政雨水管线,提倡雨水回收利用。雨水的利用可采取设置集水设施的方式,如设置地下渗水井等收集雨水并渗入地下。

5.8　绿地内乔、灌木的种植位置与建筑及各类地上或地下市政设施的关系,应符合以下规定:

5.8.1　乔、灌木栽植位置距各种市政管线的距离应符合表1的规定。

表1　树木距地下管线外缘最小水平距离

单位:m

名　　称	新植乔木	现状乔木	灌木或绿篱外缘
电力电缆	1.50	3.50	0.50
通讯电缆	1.50	3.50	0.50
给水管	1.50	2.00	—
排水管	1.50	3.00	—
排水盲沟	1.00	3.00	—
消防笼头	1.20	2.00	1.20
煤气管道(低中压)	1.20	3.00	1.00
热力管	2.00	5.00	2.00

注:乔木与地下管线的距离是指乔木树干基部的外缘与管线外缘的净距离。灌木或绿篱与地下管线的距离是指地表处分蘖枝干中最外的枝干基部的外缘与管线外缘的净距。

5.8.2　落叶乔木栽植位置应距离住宅建筑有窗立面5.0 m以外,满足住宅建筑对通风、采光的要求。

5.8.3　在居住区架空线路下,应种植耐修剪的植物种类。植物与架空电力线路导线的最小垂直距离应符合CJJ 75-97中表6.1.2的规定。

5.8.4　居住区绿化乔灌木与其他基础设施的最小水平距离应符合表2的规定。

表2　乔灌木与其他基础设施的最小水平距离

单位:m

设施名称	新植乔木	现状乔木	灌木或绿篱外缘
测量水准点	2.00	2.00	1.00
地上杆柱	2.00	2.0	—
挡土墙	1.00	3.00	0.50
楼房	5.0	5.00	1.50
平房	2.00	5.00	—
围墙(高度小于2 m)	1.00	2.00	0.75
排水明沟	1.00	1.00	0.50

注:乔木与地下管线的距离是指乔木树干基部的外缘与管线外缘的净距离。灌木或绿篱与地下管线的距离是指地表处分蘖枝干中最外的枝干基部的外缘与管线外缘的净距。

5.9　居住区绿化苗木的规格和质量均应符合国家或本市苗木质量标准的规定,同时应符合下列要求：

5.9.1 落叶乔木干径应不小于 8.0 cm。

5.9.2 常绿乔木高度应不小于 3.0 m。

5.9.3 灌木类不小于三年生。

5.9.4 宿根花卉不小于二年生。

5.10 居住区绿地内绿化用地应全部用绿色植物覆盖，建筑物的墙体可布置垂直绿化。

6 开放式绿地设计

6.1 开放式绿地的主要功能是为居民提供休憩空间，美化环境，改善局部生态环境。设计中应妥善处理和解决好这三方面问题。

6.2 开放式绿地的总体设计、竖向设计、园路及铺装场地设计、种植设计、园林建筑及其他设施设计等均参照 CJJ 48-92 要求执行。

6.3 开放式绿地要根据居住区的特点做好总体设计，同时应特别注意以下问题：

6.3.1 根据绿地的规模、位置、周边道路等条件设置功能分区，要满足居民的不同需要，特别是要为老人和儿童的健身锻炼设置相应的活动场地及配套设施。儿童游戏场、健身场地等应远离住宅建筑。

6.3.2 绿地出入口和游步道、广场的设置应综合绿地周围的道路系统、人流方向一并考虑，保证居民安全。出入口不应少于 2 个。

6.3.3 绿地中不宜穿行架空线路，必须穿行时，居民密集活动区的设计应避开架空线路。

6.4 地形设计可结合自然地形做微地形处理，微地形面积大小和相对高程，必须根据绿地的周边环境、规模和土方基本平衡的原则加以控制。不宜堆砌大规模假山。

6.5 绿地内设置景石时，可结合地形作置石、卧石、抱头石等处理，置石量不宜过大。

6.6 可结合不同居住区的特点，集中布置适当规模的水景设施。占地面积不宜超过绿地总面积的 5%。

6.7 园路及铺装场地设计时，应注意以下问题：

6.7.1 绿地内可布置游步道和小型铺装场地，铺装面积一般控制在 20% 以内。其位置必须距离住宅建筑的前窗 8～10 m 以外。

6.7.2 绿地内的道路和铺装场地一般采用透水、透气性铺装，栽植树木的铺装场地必须采用透水、透气性铺装材料。

6.7.3 绿地内的道路和铺装场地应平整耐磨，应有适宜的粗糙度，并做必要的防滑处理。

6.7.4 绿地内主要道路和出入口设计应采取无障碍设计，应符合相关规范的要求。

6.7.5 绿地内的活动场地提倡采取林下铺装的形式。以种植落叶乔木为主，分枝点高度一般应大于 2.2 m。夏季时的遮阴面积一般应占铺装范围的 45% 以上。

6.8 绿地内建筑物和其他服务设施等的设计以及绿地内各类用地指标，必须按照 CJJ 48-92 要求执行，同时应符合下列规定：

6.8.1 小区游园内一般应设置儿童游戏设施和供不同年龄段居民健身锻炼、休憩散步、社交娱乐的铺装场地和供居民使用的公共服务设施,如园亭、花架、座椅等。

6.8.2 应根据需要设置不同形式的照明系统,一般不设置主要用于景观的夜景照明。

6.8.3 绿地内园林小品的设计,应尽量采取景观与功能相结合的方式,正确处理好实用、美观和经济的关系。

6.9 作为开放式绿地进行设计的宅间绿地除符合 CJJ 48-92 外,还应符合以下规定:

6.9.1 以绿化为主,功能上只应满足居民的简单活动和休息,布局灵活,设施合理。不宜安排过多的内容。一般不宜设置游戏、健身设施等。

6.9.2 宅间绿地设置的活动休息场地,应有不少于 2/3 的面积在建筑日照阴影线范围之外。

7 封闭式绿地设计

7.1 封闭式绿地一般包括宅间绿地和建筑基础绿地。主要功能是改善局部生态环境和美化居住环境,原则上不具有为居民提供休憩空间的功能。

7.2 封闭式绿地以植物种植为主,发挥降温增湿、安全防护、美化环境的作用。

7.3 宅前道路不应在绿地中穿行,应设置在靠近建筑入口一侧,使宅间绿地能够集中布置。

7.4 宅间绿地种植的乔、灌木应选择抗逆性强、生态效益明显、管理便利的种类。

7.5 建筑基础绿地设计

7.5.1 应根据不同朝向和使用性质布置。建筑朝阴面首层住户的窗前,一般宜布置宽度大于 2.0 m 的防护性绿带,宜种植耐阴、抗寒植物。

7.5.2 住宅建筑山墙旁基础绿地应根据现状条件,充分考虑夏季防晒和冬季防风的要求,选择适宜的植物进行绿化。

7.5.3 所有住宅建筑和公用建筑周边有条件的地方应提倡垂直绿化。

7.5.4 居住区用地内高于 1.0 m 的各种隔离围墙或栏杆,提倡进行垂直绿化,宜种植观赏价值较高的攀缘植物。

8 居住区道路和停车场绿化设计

8.1 居住区道路绿化设计

8.1.1 道路绿化应选择抗逆性强、生长稳定、具有一定观赏价值的植物种类。

8.1.2 有人行步道的道路两侧一般应栽植至少一行以落叶乔木为主的行道树。行道树的选择应遵循以下原则:

8.1.2.1 应选择冠大荫浓、树干通直、养护管理便利的落叶乔木。

8.1.2.2 行道树的定植株距应以其树种壮年期冠径为准,株行距应控制在 5~7 m。

8.1.2.3 行道树下也可设计连续绿带,绿带宽度应大于 1.2 m,植物配置宜采取乔木、灌木、地被植物相结合的方式。

8.1.3 小区内的主要道路,同一路段应有统一的绿化形式;不同路段的绿化形式应有所变化。

8.1.4　小区道路转弯处半径 15 m 内要保证视线通透,种植灌木时高度应小于 0.6 m,其枝叶不应伸入至路面空间内。

8.1.5　人行步道全部铺装时所留树池,内径不应小于 1.2 m×1.2 m。

8.1.6　居住区内行道树的位置应避免与主要道路路灯和架空线路的位置、高度相互干扰。在特殊情况下应分别采取技术措施。

8.2　居住区停车场绿化设计

8.2.1　居住区停车场绿化是指居住用地中配套建设的停车场用地内的绿化。

8.2.2　居住区停车场绿化包括停车场周边隔离防护绿地和车位间隔绿带,宽度均应大于 1.2 m。

8.2.3　除用于计算居住区绿地率指标的停车场按相关规定执行外,停车场在主要满足停车使用功能的前提下,应进行充分绿化。

8.2.4　应选择高大庇荫落叶乔木形成林荫停车场。

8.2.5　停车场的种植设计应符合下列规定:

8.2.5.1　树木间距应满足车位、通道、转弯、回车半径的要求。

8.2.5.2　庇荫乔木分枝点高度的标准:

8.2.5.2.1　大、中型汽车停车场应大于 4.0 m。

8.2.5.2.2　小型汽车停车场应大于 2.5 m。

8.2.5.2.3　自行车停车场应大于 2.2 m。

8.2.5.3　停车场内其他种植池宽度应大于 1.2 m,池壁高度应大于 20 cm,并应设置保护设施。

本标准起草单位:北京市园林科学研究所

本标准主要起草人:韩丽莉、朱虹

训练八　工厂绿化规划设计

一、实训目标

掌握工厂的绿化特点和设计要求。

二、实训准备

测量工具、绘图工具。

三、实训步骤

1. 收集工厂绿化的图表等原始资料,如污染源的种类、方向、程度,工厂的地质条件、环境条件,植物的种类、需要量等,现有建筑(包括底层平面的门和窗、地下室的窗户、室外电缆等)、其他构筑物(如墙、围栅、电力、电话亭、地下管道、消火栓等)、道路、公路、停车场、散步小径、平台等。

2. 实地考察测量,绘制现状图。

3. 正式设计,绘制设计图,主要图纸有:

(1)功能分区图;

(2)与用地相关环境的功能分区图;

(3)设计构思图;

(4)地形设计图;

(5)种植设计图。

4. 写出设计说明书。

5. 编制苗木统计表。

表 3-2 苗木统计表

编号	植物名		单位	数量	规格	出圃年龄	备注

四、思考与作业

根据要求,每人完成一份设计图。

【附录】工厂绿化设计知识

一、指导思想

工厂园林绿化是城市园林绿化的重要组成部分。各工厂必须从全局出发,重视绿化建设,抓好园林绿化的总体规划,特别是做好各种防护林带的建设,科学地选好绿化树种,以提高工厂园林绿化的水平,实现工厂花园化。花园式工厂有重要意义:美化环境,陶冶心情,提高员工的劳动效率;是文明的标志,信誉的投资;维护社会生态平衡;创造一定经济效益。

二、总体设计原则

工厂绿化关系到全厂各区、车间内外生产环境的好坏,所以在规划时应注意如下几个方面。

1. 绿化规划与总体规划同步进行。工厂绿化规划是工厂总体规划的有机组成部分,应在工厂总体规划的同时进行规划,以利全厂统一安排、统一布局,减少建设中的种种矛盾。

2. 绿化设计与工业建筑主体相协调。工厂绿化规划设计是以工业建筑为主体的环境规划。按总平面的构思与布局对各种空间进行绿化布置,在厂内起到美化、分流、指导、组织作用。

3. 保证工厂生产安全。由于工厂生产的需要,往往在地上、地下设有很多管线,在墙上开设大块窗户等,所以绿化设计一定要合理,不能影响管线和车间劳动生产的采光需要,以保证生产的安全。

4. 维护工厂的环境卫生。有的工厂在生产过程中,会放出一些有害物质,除了工厂本身应积极从工艺上进行"三废"处理,保证环境卫生外,还应从绿化着手,选择抗污染、吸毒的树木,以便吸收有毒气体,减少对环境的污染。

5. 因地制宜进行绿化规划。工厂绿化规划设计应结合工厂的地形、土壤、光线和环境污染情况,因地制宜、合理布局,才能达到事半功倍的效果。

6. 绿化规划与全厂分期建设相协调。工厂绿化规划要与全厂的分期建设相协调一致,既要有远期规划,又要有近期安排。从近期着手,兼顾远期建设的需要。

7. 绿化规划适当结合生产。在满足各项功能的前提下,因地制宜地种植乔灌木、果树以及芳香、药用、油料等具有较高经济价值的园林植物。

三、生态工业区设计要素

工厂绿地规划布局的形成一定要与工厂各区域的功能相适应。虽然工厂的类型有很多种,但都有共同的功能分区,如厂前区、生产区、生活区及工厂道路等。

1. 大门环境及围墙的绿化

工厂大门是对内对外联系的纽带,也是工人上下班的必经之处,厂门绿化与厂容关系较大。工厂大门环境要注意与大门建筑造型相调和,还要有利于行人出入。大门建筑应后退建筑红线,以利形成厂前广场,便于车辆停放、转变及行人出入。门前广场两旁绿化应与道路绿化相协调,可种植高大乔木,引导人流通往厂区。门前广场中间可以设花坛、花台,布置色彩绚丽、多姿、气味香馥的花卉。在门内广场可以布置花园,设花坛、花台或水池喷泉、塑像等,形成一个清洁、舒适、优美的环境,使工人每天进入大门就能精神振奋地走向生产岗位。

工厂围墙绿化设计应充分注意防卫、防火、防风、防污染和减少噪音,还要注意遮隐建筑的不足之处,与周围景观相调和。绿化树木通常沿墙内外呈带状布置,以女贞、冬青、珊瑚树、青冈栎等常绿树种为主,以银杏、枫香、乌桕等落叶树为辅,常绿树与落叶树的比例以1:4为宜;栽植3~4层树木,靠近墙栽植乔木,远离墙的一边栽植灌木花卉。

厂前区办公用房一般包括行政办公、技术科室房,食堂、托幼保健室等福利建筑。为了节约用地,创造良好的室内外空间,这些建筑往往组合成一个整体,多数建在工厂大门附近。此处为污染风向的上方,管线较少,因而绿化条件较好。建筑物四周绿化要做到朴实大方,美观舒适。也可以与小游园绿化相结合,但一定要照顾到室内采光、通风。在东、西两侧可种落叶大乔木,以减弱夏季太阳直射;北侧应种植常绿耐阴树种,以防冬季寒风袭击;房屋的南侧应在7 m以外的地方种植落叶大乔木树种,近处栽植花卉灌木,其高度不应超出窗口。

2. 车间周围的绿化

车间是工人工作和生产的地方,其周围的绿化对净化空气、消声、调剂工人精神等要素均有重要意义。车间周围的绿化要选择抗性强的树种,并注意不要与上下管线产生矛盾。在车间的出入口或车间与车间的小空间,特别是宣传廊前可重点布置一些花坛、花台,选择花色鲜艳、姿态优美的花木进行绿化。在亭廊旁可种松树等常绿树种,设立绿廊、坐凳等,以供工人休息。一般车间四周绿化要从光照、遮阳、防风等方面来考虑。

污染较大的化工车间,不宜在其四周密植成片的树林,而宜多种低矮植物,以利于通风、引风进入,稀释有害气体,减少污染危害。

卫生净化要求较高的电子、仪表、印刷、纺织等车间四周的绿化,应选择树冠紧密、叶面粗糙、有黏腺或气孔下陷、不易产生毛絮及花粉的树木,如榆、臭椿、枫杨、榉树、女贞、冬青、樟树、黄杨等。

对防火、防噪音要求较高的车间及仓库四周绿化,应以防火隔离为主,选择含水量大、不易燃烧的树种,如珊瑚树、银杏、冬青、枫香、泡桐、柳树、栓皮栎等进行绿化。种植时要注意留出消防车进出的空间。在车间外围可以适当设置休息小庭院,以供工人休息、谈话。对锻压、铆接、锤钉、鼓风等噪音强烈的车间四周绿化,要选择树叶茂盛、分枝低、叶面积大的常绿乔灌木,如珊瑚树、椤木、海桐、樟树等组成复层混交林,以利减噪。

在露天车间(水泥预制品车间,木材、煤、矿石等堆料场)的周围可以布置数行常绿乔、灌木混交林带,以起防护隔离,防止人流横穿及防火、遮盖等作用;主道旁还可以栽1~2行阔叶树,以利夏季工人在树荫下休息。

3. 工厂小游园设计

目前很多工厂在厂内因地制宜地开辟小游园,特别是设在自然山地或河边、湖边、海边的工厂更为有利。设置小游园主要是方便职工做操、散步、休息、谈话、听音乐等,也便于群众团体在厂内开展各项活动。园内可以用花墙、绿篱、绿廊分隔空间,并因地势高低变化布置园路,点缀小池、喷泉、山石、花廊、座凳等来丰富园景。有条件的工厂还可以将小游园的水景与贮水池、冷却池等相结合,水边可种植水生花草。小游园的绿化可以和本厂的工会俱乐部、电影院、阅览室、体育活动场等相结合统一布置,扩大绿化面积,实现工厂花园化。

4. 工厂绿化树种选择

工厂绿化树种选择要使工厂绿化树木生长好,创造较好的绿化效果,必须选择那些能适应本厂生长的树种。

(1)一般工厂绿化树种应选择观赏和经济价值高的、有利环境卫生的树种。

(2)有些工厂在生产过程中会排放一些有害气体、废水、废渣等。因此,这些工厂的绿化就要认真选择适应当地气候、土壤、水分等自然条件的乡土树种,特别是应选择那些对有害物质抗性强或净化能力较强的树种。

(3)沿海的工厂选择的绿化树种要具有抗盐、耐潮、抗风、抗飞沙等特性。

(4)工厂的厂址往往选择在土壤瘠薄的地方,所以这里绿化要选择能耐瘠薄、又能改良土壤的树种。

(5)树种选择要注意速生和慢生相结合,常绿和落叶树相结合,以满足近、远期绿化效果的需要,冬、夏景观和防护效果的需要。

(6)一般来说,工厂企业绿化面积大、管理人员少,所以要选择便于管理的当地产、价格低、补植方便的树种。

（7）因工厂土地利用多变，还应选择容易移植的树种。

5. 工厂绿化常用树种

（1）抗二氧化硫气体或对二氧化硫敏感的树种（钢铁厂、大量燃煤的电厂等）

①抗性强的树种：大叶黄杨、九里香、夹竹桃、槐树、相思树、棕榈、合欢、青冈栎、山茶、柽柳、构树、瓜子黄杨、银杏、枸骨、黄杨、十大功劳、蟹橙、刺槐、枳橙、重阳木、枸杞、蚊母、北美鹅掌楸、金橘、雀舌黄杨、侧柏、女贞、紫穗槐、榕树、凤尾兰、皂荚、白蜡、小叶女贞、梧桐、无花果、海桐、广玉兰、枇杷等。

②抗性较强的树种：华山松、杜松、侧柏、冬青、飞蛾槭、楝树、黄檀、丝棉木、红背桂、椰子、菠萝、高山榕、扁桃、含笑、八角盘、粗榧、板栗、地兜帽、金银木、柿树、三尖杉、银桦、枫香、木麻黄、白皮松、罗汉松、石榴、珊瑚树、青桐、白榆、蜡梅、木槿、芒果、蒲桃、石栗、细叶榕、枫杨、杜仲、日本柳杉、丁香、无患子、梓树、紫荆、垂柳、杉木、蓝桉、加拿大杨、小叶朴、云杉、龙柏、月桂、柳杉、臭椿、椰榆、榉树、丝兰、枣、米兰、沙枣、苏铁、红茴香、细叶油茶、花柏、卫矛、玉兰、泡桐、香梓、黄葛榕、胡颓子、太平花、乌桕、旱柳、木波罗、赤松、桧柏、栀子花、桑树、朴树、毛白杨、桃树、榛树、印度榕、厚皮香、凹叶厚朴、七叶树、柃木、八仙花、连翘、紫藤、紫薇、杏树等。

③反应敏感的树种：苹果、梅花、樱花、落叶松、马尾松、悬铃木、梨、玫瑰、贴梗海棠、白桦、云南松、雪松、羽毛槭、月季、油梨、毛樱桃、湿地松、油松、郁李等。

（2）抗氯气或对氯气敏感的树种

①抗性强的树种：龙柏、苦楝、槐树、九里香、木槿、凤尾兰、侧柏、白蜡、黄杨、小叶女贞、臭椿、棕榈、大叶黄杨、杜仲、白榆、皂荚、榕树、构树、海桐、厚皮香、蚊母、沙枣、柽柳、枸骨、紫藤、山茶、柳树、椿树、合欢、丝兰、无花果、女贞、枸杞、丝棉木、广玉兰、樱桃、夹竹桃等。

②抗性较强的树种：桧柏、旱柳、梧桐、铅笔柏、丁香、紫穗槐、栀子花、卫矛、小叶榕、榉树、江南红豆树、水杉、朴树、人心果、梓树、银桦、枳橙、红茶油茶、罗汉松、君迁子、太平花、山桃、桂香柳、紫薇、珊瑚树、重阳木、毛白杨、乌桕、油桐、接骨木、木麻黄、泡桐、细叶榕、天目木兰、板栗、米兰、扁桃、云杉、枇杷、银杏、桂花、月桂、天竺桂、蓝桉、刺槐、枣、紫荆、樟、鹅掌楸、黄葛榕、石楠、假槟榔、悬铃木、地兜帽蒲桃、蒲葵、凹叶厚朴、芒果、柳杉、瓜子黄杨、石榴等。

③反应敏感的树种：池柏、樟子松、赤杨、木棉、枫杨紫椴、薄壳山核桃等。

（3）抗氟化氢气体或对氟化氢敏感的树种（铝电解厂、磷肥厂、炼钢厂、砖瓦厂等）

①抗性强的树种：大叶黄杨、侧柏、栌木、桑树、细叶香桂、构树、沙枣、山茶、柽柳、金银花、青冈栎、厚皮香、石榴、红茴香、龙柏、白榆、蚊母、槐树、天目琼花、丝棉木、红花油茶、花石榴、棕榈、瓜子黄杨、木麻黄、海桐、皂荚、银杏、香椿、杜仲、朴树、夹竹桃、凤尾兰、黄杨等。

②抗性较强的树种：桧柏、臭椿白蜡、凤尾兰、丁香、榆树、滇朴、梧桐、山楂、青冈桐、楠木、银桦、地锦、枣树、榕树、丝兰、含笑、垂柳、拐枣、泡桐、油茶、珊瑚树、杜松、飞蛾槭、樱花、女贞、刺槐、云杉、小叶朴、木槿、枳橙、紫茉莉、乌桕、月季、胡颓子、垂枝榕、蓝桉、柿树、樟树、柳杉、太平花、紫薇、桂花、旱柳、小叶女贞、鹅掌楸、无花果、白皮松、棕榈、凹叶厚朴、白玉兰、合欢、广玉兰、梓树、楝树等。

③反应敏感的树种：葡萄、慈竹、榆叶梅、南洋楹、紫荆、山桃、白千层、金丝桃、梅、梓树、杏等。

(4)抗乙烯或对乙烯敏感的树种

①抗性强的树种:夹竹桃、棕榈、悬铃木、凤尾兰等。

②抗性较强的树种:黑松、柳树、重阳木、白蜡、女贞、枫树、罗汉松、红叶李、榆树、香樟、乌桕等。

③反应敏感的树种:月季、大叶黄杨、刺槐、合欢、玉兰、十姐妹、苦楝、臭椿等。

(5)抗氨气或对氨气敏感的树种

①抗性强的树种:女贞、石楠、紫薇、银杏、皂荚、柳杉、无花果、樟树、石榴、玉兰、丝棉木、朴树、广玉兰、杉木、紫荆、木槿、蜡梅等。

②反应敏感的树种:紫藤、枫杨、悬铃木、刺槐、芙蓉、虎杖、楝树、珊瑚树、杨树、薄壳山核桃、杜仲、小叶女贞等。

(6)抗二氧化氮的树种

这类树种有龙柏、黑松、夹竹桃、大叶黄杨、棕榈、女贞、樟树、构树、广玉兰、臭椿、无花果、桑树、楝树、合欢、枫杨、刺槐、丝棉木、乌桕、石榴、酸枣、旱柳、糙叶树、垂柳、蚊母、泡桐等。

(7)抗臭氧的树种

这类树种有枇杷、连翘、海州常山、日本女贞、黑松、银杏、悬铃木、八仙花、冬青、樟树、柳杉、枫杨、美国鹅掌楸、夹竹桃、青冈栎、日本扁柏、刺槐等。

(8)抗烟尘的树种

这类树种有香榧、榉树、三角枫、朴树、珊瑚树、樟树、麻栎、悬铃木、重阳木、槐树、广玉兰、女贞、蜡梅、五角枫、苦楝、银杏、枸骨、青冈栎、大绣球、皂荚、构树、榆树、大叶黄杨、冬青、粗榧、青桐、桑树、紫薇、木槿、栀子花、桃叶珊瑚、黄杨、樱花、泡桐、刺槐、厚皮香、石楠、苦槠、黄金树、乌桕、臭椿、刺楸、桂花、楠木、夹竹桃等。

(9)滞尘能力较强的树种

这类树种有臭椿、白杨、黄杨、石楠、银杏、麻栎、海桐、珊瑚、朴树、白榆、凤凰木、广玉兰、榉树、刺槐、榕树、冬青、枸骨、皂荚、樟树、厚皮香、楝树、悬铃木、女贞、槐树、柳树、青冈栎、夹竹桃等。

(10)防噪音

种植不同树种,像桃叶珊瑚、胡颓子、唐鼠、杜仲、姥女槠、连翘、喜马拉雅杉比较有效果。一般枝叶茂密的常绿阔叶树,有减衰噪音的效果。

(11)防风

以深根性、树干树枝坚硬、枝叶茂密的常绿树为宜。落叶树冬季的防风效果比夏季减少20%左右,如橡树类、柯树、罗汉松、樟树、犬樟、山茶、杉树、黑松、榉树、竹类等。

(12)防雪

最好使用的是枝叶茂密、树干起立、防雪效果大、深根性能、抵御寒风,造林容易,生长旺盛,不易被雪压枝干,下枝不易干枯,耐瘠薄土壤的树种。

(13)防火

平常一座木结构房屋遇火灾时,燃烧的旺盛时间是 3~4 min,只要能耐过这段时间,便可大体上阻止火灾蔓延到邻近房屋中去。防火栽植就是要利用植树来停止这段时间的火灾,遮断辐射热。

训练九　综合性公园分区绿化设计

一、实训目标

掌握综合性公园绿化设计的布局特点、分区要求、设计步骤及其内容。

二、实训准备

测量工具、绘图工具。

三、实训步骤

1. 有关原始资料的收集，包括园林的地质条件，环境条件，污染物种类、方向、程度，自然条件（地形、土壤、水体、植被）等。

2. 实地考察测量，绘制现状图。

3. 正式设计，绘制分区规划设计图。

(1)科学普及文化娱乐区；

(2)体育活动区；

(3)游览区(安静休息区)；

(4)公园管理区。

4. 列出各分区名称、用地比例、主要活动项目等内容。

表 3-3　公园功能分区、占地比例及主要活动内容表

分区名称	占总用地的比例(%)	主要活动项目
科普及文化活动区		
体育活动区		
游览区(安静休息区)		
公园管理区		

5. 写出设计说明书。

四、思考与作业

根据要求，每人完成一份设计图。

训练十 儿童公园绿地设计

一、实训目标

1. 通过实训,了解儿童公园的绿地设计方法;

2. 了解儿童公园的主要建筑布局方法及其位置安排。

二、实训准备

测量工具、绘图工具。

三、实训内容

该内容的教学实训安排在附近较大的幼儿园内,主要观察以下内容:

1. 儿童公园的主题是什么? 主要景观有哪些? 作用是什么?

2. 植物方面,采用了什么样的配置方法? 植物种类有哪些?

3. 区是如何划分的? 采用了什么样的绿化方法?

4. 园内的园路是如何布局的? 色彩是如何布局的?

四、实训要求

1. 在实习过程中,要记好笔记,能在现场绘制种植设计图。

2. 对具有典型的布局,要当场对设计进行评价,找出优点与不足,提出改进意见和建议。

3. 要能将课堂上所讲的内容与实际进行比较,能够做到理论与实践相结合。

五、思考与作业

完成实习报告一份,主要包括:内容、收获、体会。

教师根据当地的条件,给出某儿童公园的平面图,学生完成绿化设计,写出绿化设计说明。

训练十一　屋顶花园设计

一、实训目标

1. 通过实训，了解屋顶花园的设计方法和特征。
2. 了解各种园林建筑（花架、亭、廊、假山、水体）在屋顶花园中的作用。了解园林建筑尺寸和材料种类及其位置安排。
3. 掌握屋顶花园园林植物的选择和配置方法。
4. 掌握种植层的构造和种植土主要成分及配制比例。
5. 了解屋顶花园营造的原则。

二、实训内容

教学实训安排某屋顶花园内，如果条件不许可，也可使用录像、图片等进行讲解，主要内容包括：

1. 花园的布局方法和种植类型采用了哪些造景方法？
2. 植物方面，选择了哪些植物种类？采用了什么样的种植方法？在不同的季节有哪些观赏价值？
3. 种植层的构造如何？种植土的成分和配制方法有哪些？
4. 屋顶花园的园路是如何布局的，道路铺装材料和色彩是如何设置的？

三、实训要求

1. 在实训过程中，要记好笔记，特别是种植方法和植物种类方面，要在现场绘出种植平面图；
2. 对于种植层，更要仔细观察，做出详细的记录；
3. 要能将课堂上所讲的内容与实际进行比较，能够做到理论与实践相结合；
4. 实训结束后要写出实习报告。

四、思考与作业

1. 完成实习报告一份，主要包括：屋顶花园的设计方法和参观的内容、收获、体会。
2. 设计各种调查表，内容包括：
(1)屋顶花园的类型、位置、面积。
(2)屋顶花园的种植层构造、土层厚度、种植土的主要成分和比例等。

（3）屋顶花园的植物种类、观赏价值和种植方法。

（4）种植池的构造、尺寸、建造材料等。

（5）园林工程的种类、位置安排等。

3. 根据条件和时间安排，对教材中所给定的几个屋顶花园平面图进行绿化设计，写出设计说明书。设计图尺寸和比例可由教师给定。

【附录】屋顶绿化规范

（北京市）

为了规范北京城市屋顶绿化技术，提高北京城市屋顶绿化质量和水平，依据 CJJ 48-92 公园设计规范、CJJ/ T91-2002 园林基本术语标准、DBJ 01-93-2004 屋面防水施工技术规程、DBJ 11/T213-2003 城市园林绿化养护管理标准和《北京地区地下设施覆土绿化指导书》（北京市园林局 2004.1.1 公布），特制定本标准。

本标准由北京市园林局提出并归口。

本标准由北京市园林科学研究所负责技术解释。

本标准起草单位：北京市园林科学研究所。

本标准主要起草人：韩丽莉。

1　范围

本标准规定了屋顶绿化基本要求、类型、种植设计与植物选择和屋顶绿化技术。

本标准适用于北京地区建筑物、构筑物平顶的屋顶绿化设计、施工和养护管理工作。

本标准为推荐性标准。

2　规范性引用文件

下列文件中的条款通过本标准的引用而成为本标准的条款。凡是注日期的引用文件，其随后所有的修改单（不包括勘误的内容）或修订版均不适用于本标准，然而，鼓励根据本标准达成协议的各方研究是否可使用这些文件的最新版本。凡是不注日期的引用文件，其最新版本适用于本标准。

CJJ 48-92　公园设计规范

CJJ/ T91-2002　园林基本术语标准

DBJ 01-93-2004　屋面防水施工技术规程

DBJ 11/T213-2003　城市园林绿化养护管理标准

3 术语和定义

下列术语和定义适用于本标准。

3.1 屋顶绿化 roof greening

在高出地面以上,周边不与自然土层相连接的各类建筑物、构筑物等的顶部以及天台、露台上的绿化。

3.2 花园式屋顶绿化 intensive roof greening

根据屋顶具体条件,选择小型乔木、低矮灌木和草坪、地被植物进行屋顶绿化植物配置,设置园路、座椅和园林小品等,提供一定的游览和休憩活动空间的复杂绿化。

3.3 简单式屋顶绿化 extensive roof greening

利用低矮灌木或草坪、地被植物进行屋顶绿化,不设置园林小品等设施,一般不允许非维修人员活动的简单绿化。

3.4 屋顶荷载 roof load

通过屋顶的楼盖梁板传递到墙、柱及基础上的荷载(包括活荷载和静荷载)。

3.5 活荷载(临时荷载)temporary load

由积雪和雨水回流,以及建筑物修缮、维护等工作产生的屋面荷载。

3.6 静荷载(有效荷载)payload

由屋面构造层、屋顶绿化构造层和植被层等产生的屋面荷载。

3.7 防水层 waterproof layer

为了防止雨水和灌溉用水等进入屋面而设的材料层。一般包括柔性防水层、刚性防水层和涂膜防水层三种类型。

3.8 柔性防水层 floppy waterproof layer

由油毡或 PEC 高分子防水卷材粘贴而成的防水层。

3.9 刚性防水层 rigid waterproof layer

在钢筋混凝土结构层上,用普通硅酸盐水泥砂浆掺 5% 防水粉抹面而成的防水层。

3.10 涂膜防水层 membrane waterproof layer

用聚氨脂等油性化工涂料,涂刷成一定厚度的防水膜而成的防水层。

4 基本要求

4.1 屋顶绿化建议性指标

不同类型的屋顶绿化应有不同的设计内容,屋顶绿化要发挥绿化的生态效益,应有相宜的面积指标作保证。屋顶绿化的建议性指标见表1。

表 1 屋顶绿化建议性指标

花园式屋顶绿化	绿化屋顶面积占屋顶总面积	≥60%
	绿化种植面积占绿化屋顶面积	≥85%
	铺装园路面积占绿化屋顶面积	≤12%
	园林小品面积占绿化屋顶面积	≤3%
简单式屋顶绿化	绿化屋顶面积占屋顶总面积	≥80%
	绿化种植面积占绿化屋顶面积	≥90%

4.2 屋顶承重安全

屋顶绿化应预先全面调查建筑的相关指标和技术资料,根据屋顶的承重,准确核算各项施工材料的重量和一次容纳游人的数量。

4.3 屋顶防护安全

屋顶绿化应设置独立出入口和安全通道,必要时应设置专门的疏散楼梯。为防止高空物体坠落和保证游人安全,还应在屋顶周边设置高度在 80 cm 以上的防护围栏。同时要注重植物和设施的固定安全。

5 屋顶绿化类型

5.1 花园式屋顶绿化

5.1.1 新建建筑原则上应采用花园式屋顶绿化,在建筑设计时统筹考虑,以满足不同绿化形式对于屋顶荷载和防水的不同要求。

5.1.2 现状建筑根据允许荷载和防水的具体情况,可以考虑进行花园式屋顶绿化。

5.1.3 建筑静荷载应大于等于 250 kg/m²。乔木、园亭、花架、山石等较重的物体应设计在建筑承重墙、柱、梁的位置。

5.1.4 以植物造景为主,应采用乔、灌、草结合的复层植物配植方式,产生较好的生态效益和景观效果。花园式屋顶绿化建议性指标参见表1。

5.2 简单式屋顶绿化

5.2.1 建筑受屋面本身荷载或其他因素的限制,不能进行花园式屋顶绿化时,可进行简单式屋顶绿化。

5.2.2 建筑静荷载应大于等于 100 kg/m^2，建议性指标参见表1。

5.2.3 主要绿化形式

1. 覆盖式绿化

根据建筑荷载较小的特点，利用耐旱草坪、地被、灌木或可匍匐的攀援植物进行屋顶覆盖绿化。

2. 固定种植池绿化

根据建筑周边圈梁位置荷载较大的特点，在屋顶周边女儿墙一侧固定种植池，利用植物直立、悬垂或匍匐的特性，种植低矮灌木或攀援植物。

3. 可移动容器绿化

根据屋顶荷载和使用要求，以容器组合形式在屋顶上布置观赏植物，可根据季节不同随时变化组合。

6 种植设计与植物选择

6.1 种植设计

6.1.1 花园式屋顶绿化

6.1.1.1 种植设计的一般规定可参照 CJJ 48-92 中第6.1.2条，第6.1.3条要求执行。

6.1.1.2 以突出生态效益和景观效益为原则，根据不同植物对基质厚度的要求，通过适当的微地形处理或种植池栽植进行绿化。屋顶绿化植物基质厚度要求见表2。

表 2 屋顶绿化植物基质厚度要求

植物类型	规格（m）	基质厚度（cm）
小型乔木	$H=2.0\sim2.5$	≥60
大灌木	$H=1.5\sim2.0$	50～60
小灌木	$H=1.0\sim1.5$	30～50
草本、地被植物	$H=0.2\sim1.0$	10～30

6.1.1.3 利用丰富的植物色彩来渲染建筑环境，适当增加色彩明快的植物种类，丰富建筑整体景观。

6.1.1.4 植物配置以复层结构为主，由小型乔木、灌木和草坪、地被植物组成。本地常用和引种成功的植物应占绿化植物的80%以上。

6.1.2 简单式屋顶绿化

6.1.2.1 绿化以低成本、低养护为原则，所用植物的滞尘和控温能力要强。

6.1.2.2 根据建筑自身条件，尽量达到植物种类多样，绿化层次丰富，生态效益突出的效果。

6.2 植物选择原则

6.2.1 遵循植物多样性和共生性原则，以生长特性和观赏价值相对稳定、滞尘控温能力较强的本地常用和引种成功的植物为主。

　　6.2.2　以低矮灌木、草坪、地被植物和攀援植物等为主,原则上不用大型乔木,有条件时可少量种植耐旱小型乔木。

　　6.2.3　应选择须根发达的植物,不宜选用根系穿刺性较强的植物,防止植物根系穿透建筑防水层。

　　6.2.4　选择易移植、耐修剪、耐粗放管理、生长缓慢的植物。

　　6.2.5　选择抗风、耐旱、耐高温的植物。

　　6.2.6　选择抗污性强,可耐受、吸收、滞留有害气体或污染物质的植物。

　　6.2.7　北京地区屋顶绿化部分植物种类参考见表3。

表3　推荐北京地区屋顶绿化部分植物种类

乔　　木			
油松	阳性、耐旱、耐寒;观树形	玉兰 *	阳性,稍耐阴;观花、叶
华山松 *	耐阴;观树形	垂枝榆	阳性,极耐旱;观树形
白皮松	阳性,稍耐阴;观树形	紫叶李	阳性,稍耐阴;观花、叶
西安桧	阳性,稍耐阴;观树形	柿树	阳性,耐旱;观果、叶
龙柏	阳性,不耐盐碱;观树形	七叶树 *	阳性,耐半阴;观树形、叶
桧柏	偏阴性;观树形	鸡爪槭 *	阳性,喜湿润;观叶
龙爪槐	阳性,稍耐阴;观树形	樱花 *	喜阳;观花
银杏	阳性,耐旱;观树形、叶	海棠类	阳性,稍耐阴;观花、果
栾树	阳性,稍耐阴;观枝叶果	山楂	阳性,稍耐阴;观花
灌　　木			
珍珠梅	喜阴;观花	碧桃类	阳性;观花
大叶黄杨 *	阳性,耐阴,较耐旱;观叶	迎春	阳性,稍耐阴;观花、叶、枝
小叶黄杨	阳性,稍耐阴;观叶	紫薇 *	阳性;观花、叶
凤尾丝兰	阳性;观花、叶	金银木	耐阴;观花、果
金叶女贞	阳性,稍耐阴;观叶	果石榴	阳性,耐半阴;观花、果、枝
红叶小檗	阳性,稍耐阴;观叶	紫荆 *	阳性,耐阴;观花、枝
矮紫杉 *	阳性;观树形	平枝栒子	阳性,耐半阴;观果、叶、枝
连翘	阳性,耐半阴;观花、叶	海仙花	阳性,耐半阴;观花
榆叶梅	阳性,耐寒,耐旱;观花	黄栌	阳性,耐半阴,耐旱;观花、叶
紫叶矮樱	阳性;观花、叶	锦带花类	阳性;观花
郁李 *	阳性,稍耐阴;观花、果	天目琼花	喜阴;观果
寿星桃	阳性,稍耐阴;观花、叶	流苏	阳性,耐半阴;观花、枝
丁香类	稍耐阴;观花、叶	海州常山	阳性,耐半阴;观花、果
棣棠 *	喜半阴;观花、叶、枝	木槿	阳性,耐半阴;观花
红瑞木	阳性;观花、果、枝	蜡梅 *	阳性,耐半阴;观花
月季类	阳性;观花	黄刺致	阳性,耐寒,耐旱;观花
大花绣球 *	阳性,耐半阴;观花	猬实	阳性;观花

续表

地被植物			
玉簪类	喜阴,耐寒、耐热;观花、叶	大花秋葵	阳性;观花
马蔺	阳性;观花、叶	小菊类	阳性;观花
石竹类	阳性,耐寒;观花、叶	芍药 *	阳性,耐半阴;观花、叶
随意草	阳性;观花	鸢尾类	阳性,耐半阴;观花、叶
铃兰	阳性,耐半阴;观花、叶	萱草类	阳性,耐半阴;观花、叶
荚果蕨 *	耐半阴;观叶	五叶地锦	喜阴湿;观叶;可匍匐栽植
白三叶	阳性,耐半阴;观叶	景天类	阳性耐半阴,耐旱;观花、叶
小叶扶芳藤	阳性,耐半阴;观叶;可匍匐栽植	京八号常春藤 *	阳性,耐半阴;观叶;可匍匐栽植
砂地柏	阳性,耐半阴;观叶	苔尔曼忍冬 *	阳性,耐半阴;观花、叶;可匍匐栽植

注:加"*"为在屋顶绿化中,需一定小气候条件下栽植的植物。

7 屋顶绿化技术

7.1 屋顶绿化相关材料荷重参考值

7.1.1 植物材料平均荷重和种植荷载参考见表4。

表 4 植物材料平均荷重和种植荷载参考表

植物类型	规格(m)	植物平均荷重(kg)	种植荷载(kg/m^2)
乔木(带土球)	$H=2.0\sim2.5$	$80\sim120$	$250\sim300$
大灌木	$H=1.5\sim2.0$	$60\sim80$	$150\sim250$
小灌木	$H=1.0\sim1.5$	$30\sim60$	$100\sim150$
地被植物	$H=0.2\sim1.0$	$15\sim30$	$50\sim100$
草坪	1 m^2	$10\sim15$	$50\sim100$

注:选择植物应考虑植物生长产生的活荷载变化。种植荷载包括种植区构造层自然状态下的整体荷载。

7.1.2 其他相关材料密度参考值见表5。

表 5 其他相关材料密度参考值一览表

材料	密度(kg/m^3)
混凝土	2500
水泥砂浆	2350
河卵石	1700
豆石	1800
青石板	2500
木质材料	1200
钢质材料	7800

7.2 屋顶绿化施工操作程序

7.2.1 花园式屋顶绿化
花园式屋顶绿化施工流程见图1。

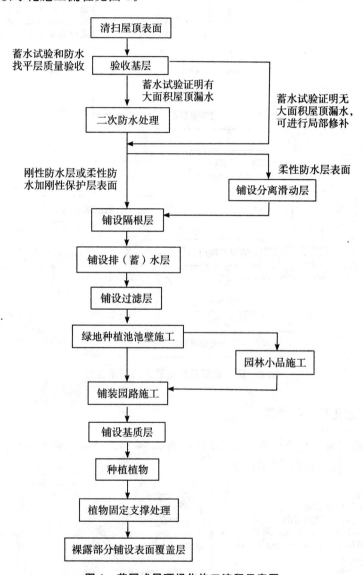

图1 花园式屋顶绿化施工流程示意图

7.2.2 简单式屋顶绿化
简单式屋顶绿化施工流程见图2。

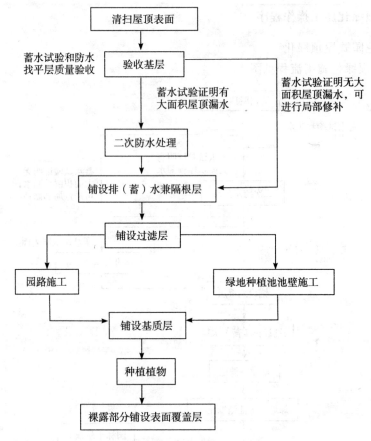

图2　简单式屋顶绿化施工流程示意图

7.3　屋顶绿化种植区构造层

种植区构造层由上至下分别由植被层、基质层、隔离过滤层、排（蓄）水层、隔根层、分离滑动层等组成。构造剖面示意见图3。

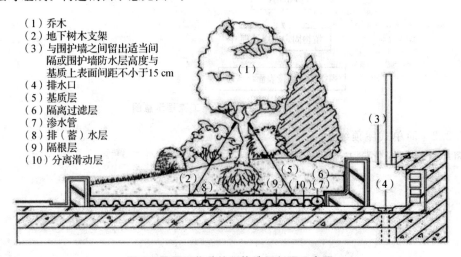

（1）乔木
（2）地下树木支架
（3）与围护墙之间留出适当间隔或围护墙防水层高度与基质上表面间距不小于15 cm
（4）排水口
（5）基质层
（6）隔离过滤层
（7）渗水管
（8）排（蓄）水层
（9）隔根层
（10）分离滑动层

图3　屋顶绿化种植区构造层剖面示意图

7.3.1　植被层

通过移栽、铺设植生带和播种等形式种植的各种植物,包括小型乔木、灌木、草坪、地被植物、攀援植物等。屋顶绿化植物种植方法见图 4、图 5。

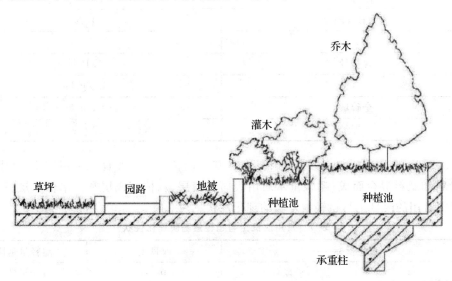

图 4　屋顶绿化植物种植池处理方法示意图

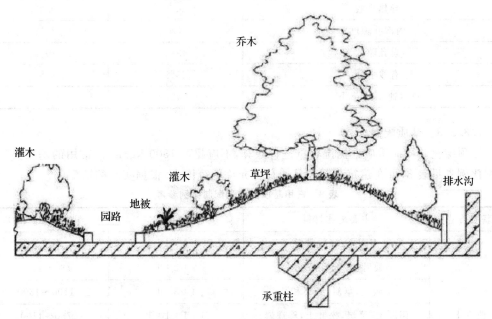

图 5　屋顶绿化植物种植微地形处理方法示意图

7.3.2　基质层

基质层是指满足植物生长条件,具有一定的渗透性能、蓄水能力和空间稳定性的轻质材料层。

7.3.2.1　基质理化性状要求

基质理化性状要求见表 6。

表 6　基质理化性状要求

理化性状	要求
湿容重	450～1300 kg/m³
非毛管孔隙度	>10%
pH 值	7.0～8.5
含盐量	<0.12%
全氮量	>1.0 g/kg
全磷量	>0.6 g/kg
全钾量	>17 g/kg

7.3.2.2　基质主要包括改良土和超轻量基质两种类型。改良土由田园土、排水材料、轻质骨料和肥料混合而成;超轻量基质由表面覆盖层、栽植育成层和排水保水层三部分组成。目前常用的改良土与超轻量基质的理化性状见表 7。

表 7　常用改良土与超轻量基质理化性状

理化指标		改良土	超轻量基质
容重(kg/m³)	干容重	550～900	120～150
	湿容重	780～1300	450～650
导热系数		0.5	0.35
内部孔隙度		5%	20%
总孔隙度		49%	70%
有效水分		25%	37%
排水速率(mm/h)		42	58

7.3.2.3　基质配制

屋顶绿化基质荷重应根据湿容重进行核算,不应超过 1300 kg/m³。常用的基质类型和配制比例参见表 8,可在建筑荷载和基质荷重允许的范围内,根据实际酌情配比。

表 8　常用基质类型和配制比例参考

基质类型	主要配比材料	配制比例	湿容重(kg/m³)
改良土	田园土,轻质骨料	1:1	1200
	腐叶土,蛭石,砂土	7:2:1	780～1000
	田园土,草炭,蛭石和肥	4:3:1	1100～1300
	田园土,草炭,松针土,珍珠岩	1:1:1:1	780～1100
	田园土,草炭,松针土	3:4:3	780～950
	轻砂壤土,腐殖土,珍珠岩,蛭石	2.5:5:2:0.5	1100
	轻砂壤土,腐殖土,蛭石	5:3:2	1100～1300
超轻量基质	无机介质	—	450～650

注:基质湿容重一般为干容重的 1.2～1.5 倍。

7.3.3　隔离过滤层

7.3.3.1　一般采用既能透水又能过滤的聚酯纤维无纺布等材料,用于阻止基质进入排水层。

7.3.3.2　隔离过滤层铺设在基质层下,搭接缝的有效宽度应达到 10～20 cm,并向建筑侧墙面延伸至基质表层下方 5 cm 处。

7.3.4　排(蓄)水层

7.3.4.1　一般包括排(蓄)水板、陶砾(荷载允许时使用)和排水管(屋顶排水坡度较大时使用)等不同的排(蓄)水形式,用于改善基质的通气状况,迅速排出多余水分,有效缓解瞬时压力,并可蓄存少量水分。

7.3.4.2　排(蓄)水层铺设在过滤层下。应向建筑侧墙面延伸至基质表层下方 5 cm处。铺设方法见图 6。

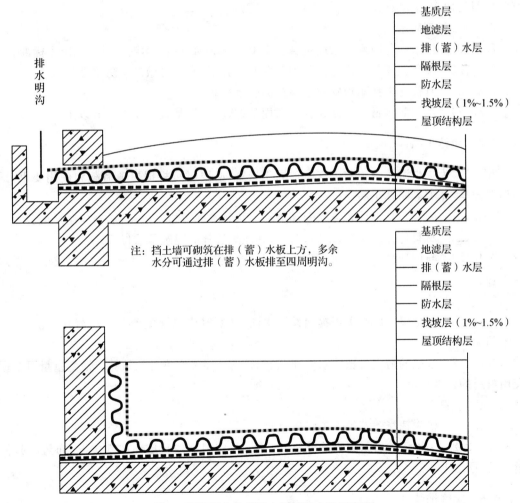

图 6　屋顶绿化排(蓄)水板铺设方法示意图

7.3.4.3　施工时应根据排水口设置排水观察井,并定期检查屋顶排水系统的通畅情况。及时清理枯枝落叶,防止排水口堵塞造成壅水倒流。

7.3.5　隔根层

7.3.5.1　一般有合金、橡胶、PE（聚乙烯）和 HDPE（高密度聚乙烯）等材料类型，用于防止植物根系穿透防水层。

7.3.5.2　隔根层铺设在排（蓄）水层下，搭接宽度不小于 100 cm，并向建筑侧墙面延伸 15～20 cm。

7.3.6　分离滑动层

7.3.6.1　一般采用玻纤布或无纺布等材料，用于防止隔根层与防水层材料之间产生粘连现象。

7.3.6.2　柔性防水层表面应设置分离滑动层；刚性防水层或有刚性保护层的柔性防水层表面，分离滑动层可省略不铺。

7.3.6.3　分离滑动层铺设在隔根层下。搭接缝的有效宽度应达到 10～20 cm，并向建筑侧墙面延伸 15～20 cm。

7.3.7　屋面防水层

7.3.7.1　屋顶绿化防水做法应符合 DBJ 01-93-2004 要求，达到二级建筑防水标准。

7.3.7.2　绿化施工前应进行防水检测并及时补漏，必要时做二次防水处理。

7.3.7.3　宜优先选择耐植物根系穿刺的防水材料。

7.3.7.4　铺设防水材料应向建筑侧墙面延伸，应高于基质表面 15 cm 以上。

7.4　园林小品

7.4.1　为提供游憩设施和丰富屋顶绿化景观，必要时可根据屋顶荷载和使用要求，适当设置园亭、花架等园林小品。

7.4.1.1　园林小品设计要与周围环境和建筑物本体风格相协调，适当控制尺度。

7.4.1.2　材料选择应质轻、牢固、安全，并注意选择好建筑承重位置。

7.4.1.3　与屋顶楼板的衔接和防水处理，应在建筑结构设计时统一考虑，或单独做防水处理。

7.4.2　水池

7.4.2.1　屋顶绿化原则上不提倡设置水池，必要时应根据屋顶面积和荷载要求，确定水池的大小和水深。

7.4.2.2　水池的荷重可根据水池面积、池壁的重量和高度进行核算。池壁重量可根据使用材料的密度计算。

7.4.3　景石

7.4.3.1　优先选择塑石等人工轻质材料。

7.4.3.2　采用天然石材要准确计算其荷重，并应根据建筑层面荷载情况，布置在楼体承重柱、梁之上。

7.5　园路铺装

7.5.1　设计手法应简洁大方，与周围环境相协调，追求自然朴素的艺术效果。

7.5.2　材料选择以轻型、生态、环保、防滑材质为宜。

7.6　照明系统

7.6.1　花园式屋顶绿化可根据使用功能和要求,适当设置夜间照明系统。

7.6.2　简单式屋顶绿化原则上不设置夜间照明系统。

7.6.3　屋顶照明系统应采取特殊的防水、防漏电措施。

7.7　植物防风固定技术

7.7.1　种植高于 2 m 的植物应采用防风固定技术。

7.7.2　植物的防风固定方法主要包括地上支撑法和地下固定法,见图 7、图 8。

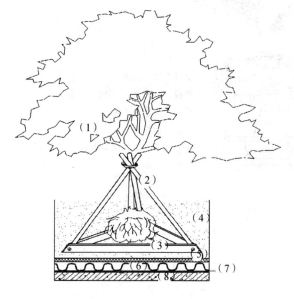

1. 带有土球的木本植物
2. 圆木直径大约60~80 mm,
　呈三角形支撑架
3. 将圆木与三角形钢板
　（5 mm×25 mm×120 mm）,
　用螺丝拧紧固定。
4. 基质层
5. 隔离过滤层
6. 排（蓄）水层
7. 隔根层
8. 屋面顶板

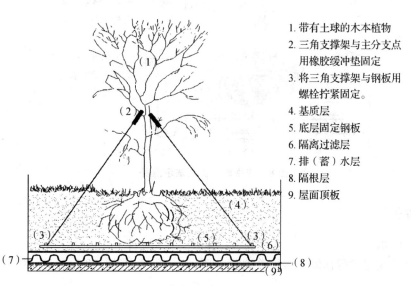

1. 带有土球的木本植物
2. 三角支撑架与主分支点
　用橡胶缓冲垫固定
3. 将三角支撑架与钢板用
　螺栓拧紧固定。
4. 基质层
5. 底层固定钢板
6. 隔离过滤层
7. 排（蓄）水层
8. 隔根层
9. 屋面顶板

图 7　植物地上支撑法示意图

1. 带有土球的树木
2. 钢板、$\Phi=3$ 螺栓固定
3. 扁铁网固定土土球
4. 固定弹簧绳
5. 固定钢架（依上球大小而定）

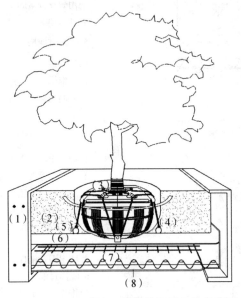

1. 种植池
2. 基质层
3. 钢丝牵索，用
   螺栓拧紧固定
4. 弹性绳索
5. 螺栓与底层钢
   丝网固定
6. 隔离过滤层
7. 排（蓄）水层
8. 隔根层

图 8 植物地下固定法示意图

7.8 养护管理技术

7.8.1 浇水

7.8.1.1 花园式屋顶绿化养护管理除参照 DBJ 11/T213-2003 执行外，灌溉间隔一般控制在 10～15 天。

7.8.1.2 简单式屋顶绿化一般基质较薄,应根据植物种类和季节不同,适当增加灌溉次数。

7.8.2 施肥

7.8.2.1 应采取控制水肥的方法或生长抑制技术,防止植物生长过旺而加大建筑荷载和维护成本。

7.8.2.2 植物生长较差时,可在植物生长期内按照 $30～50 \ g/m^2$ 的比例,每年施 1～2 次长效 N、P、K 复合肥。

7.8.3 修剪

根据植物的生长特性,进行定期整形修剪和除草,并及时清理落叶。

7.8.4 病虫害防治

应采用对环境无污染或污染较小的防治措施,如人工及物理防治、生物防治、环保型农药防治等措施。

7.8.5 防风防寒

应根据植物抗风性和耐寒性的不同,采取搭风障、支防寒罩和包裹树干等措施进行防风防寒处理。使用材料应具备耐火、坚固、美观的特点。

7.8.6 灌溉设施

7.8.6.1 宜选择滴灌、微喷、渗灌等灌溉系统。

7.8.6.2 有条件的情况下,应建立屋顶雨水和空调冷凝水的收集回灌系统。

第四部分

花卉艺术篇

训练一　插花基本技能练习

一、实训目标

通过实训,掌握花材的整理、弯曲和固定等技术,并能熟练地操作,为插花的制作奠定基础。

二、实训原理

采取修剪、弯曲、固定等方法。

三、实训准备

1. 材料:花材、花泥。
2. 用具:剪刀、剑山、透明胶、别针、刀片、铁丝、容器等。

四、实训要求

采用以教师引导、学生自主训练为主的教学组织形式。

五、实训步骤

(一)花材修剪

在插作之前,须根据构思、造型的需要,对花材加以整理与修剪。具体修剪时要注意以下几点:

1. 仔细观察审视,区分出枝条的正、反面。一般受阳光照射的一面为正面(阳面);背阳光的一面为反面(阴面)。按正面修剪,修剪前先找出主视面(即最好看的枝条朝向和部位),然后以主视面为中心,取舍其他枝条。

2. 顺其自然(即顺应花枝的自然属性),不要轻易破坏。对表现力最强、具有天然风韵的枝条应尽量保留,因为在东方式插花中,自然弯曲、流畅的线条,天然的花姿,是构成优美造型的主要因素。

3. 有些枝条的去留,一时拿不定主意时,不要急于求成,即修剪暂时少剪一部分。而对下列枝条,必须大胆地剪除。

(1)感染病虫害的枝条,干枯的枝条。

(2)过密或过细弱的枝杈,剪后更完美。

(3)交叉枝、平行枝及呆板生硬不易表现美感的枝条。

(4)修剪时,草本花在节下插;木本斜剪;而有些枝条吸水强,可平剪。

(5)枝条的长短,视环境与花器的大小和构图需要而定。

总之,修剪时胆大心细,在实践中不断摸索、总结。

(二)花材弯曲

有些花材,必须将一些直立的花枝弯曲才能达到设计的意图。插花中将枝条弯曲的技巧叫作弯。它是插花中一项十分重要的技术。

1. 枝条的弯曲法

(1)枝条的弯曲最好是两节之间,避免枝节和芽的位置,以及交叉点。

(2)草质茎较柔软,如非洲菊、水仙、马蹄莲,可在需要弯曲的部位,用手指慢慢揉搓直至弯曲。

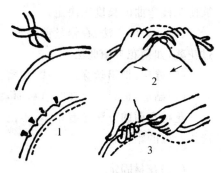

图 4-1　枝条的弯曲法

(3)较硬的木质茎,则用两手的拇指和食指相对,握住要弯曲的部位轻轻向下弯,进行多次直至枝条弯曲。若枝条较长,要求曲线较和缓,可以握住枝条的两端轻轻压弯。枝条较脆,可放入热水中,而后在冷水中作弯。花叶多的,把花、叶包起来,放在火上烤,多次重复,每次 2～3 min,直到弯曲所需的角度。

(4)对质地更硬的枝,在弯处上方浅割一两处伤痕,有助于弯曲,必要时可在割痕中嵌入硬楔子,以达到所要求的弯曲。

注意用力有节制而均匀,尤其是脆弱的枝茎容易折裂。防止硬枝爆裂。

2. 叶片的弯曲造型

(1)对有些扁平修长、质软的叶子,如鸢尾、唐菖蒲等,若要把它弄弯,可将叶子弄湿,用食指和中指夹住叶子,轻轻抽动数次,叶子即可弄弯。

(2)可用大头针、订书机、透明胶固定成各种造型,还可用手撕裂成各种形状。

①叶片拉丝法:具有平行脉的植物叶片,对其作纵向撕裂。

②叶片翻翘法:具长剑形的叶片,先在叶的中部纵向切好,然后把叶的前部弯曲,从裂口

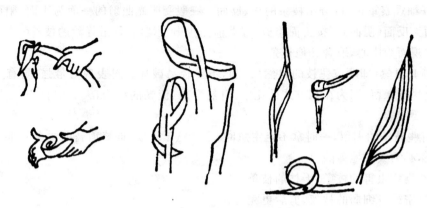

图 4-2　叶片的弯曲造型

处穿入,当叶片拉出后,翻翘造型即可。

3. 使用铁丝进行组合或弯曲造型

(1)缠绕法:用铁丝缠绕以固定花、茎、叶、枝,或将一些细小的花枝结合在一起使用。

(2)横向穿刺法:用铅丝从花萼或子房一头穿出另一头。注意要细心操作,不要损伤花木,然后将铅丝弯下顺花枝方向,如玫瑰、香石竹。

(3)十字交叉法:将两条铅丝作"十"字形交叉,是固定多种花材的方法,如百合花多用此法。

(4)插入法:将铅丝自茎下方穿进花茎到花心,使花茎弯曲造型,铅丝插入花茎的长度由欲使花枝弯曲的长度来决定。

(5)铁钩固定法:在铅丝前端 3 cm 处弯一小钩,将无钩的一端自花蕊中心部位穿过,通过花茎,如菊花多用此法。

(6)缝法:把铅丝穿入叶片、花瓣。

(7)贴法:把铅丝放在叶背后面,用透明胶固定。

花材弯曲的方法还有很多,不论采用什么方法,操作时一定要细心,不要损伤花枝,并且选用合适的铅丝。

(三)花材固定

1. 剑山固定法

剑山有多种形状与大小,常见的有方形、圆形、心脏形、新月形等。有时一个剑山上插的枝条偏于一角,重量不均有倾倒的可能,这时可用另一剑山或比较重的物体压住此剑山的另一角,保持枝条的平衡。有时为防止剑山的滑动,下面可放大小相同的纸片或粘胶泥。

花柄、枝条插入剑山,根据材料的粗细强弱有不同的具体插法。

(1)将枝条基部直接插入针尖。

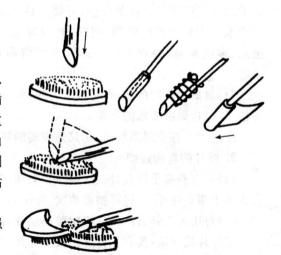

图 4-3　剑山固定法

（2）较粗的枝条可以将下端挤于针尖之间来固定。

（3）更粗的枝将底端削小再嵌入针丛。

（4）较小而柔弱的枝柄可先集成一束，用线扎牢，然后成束挤入针尖。或者在基端切一裂缝，嵌入一段粗枝，再以它嵌入针丛。粗枝的底端可以切一两条裂缝，使之缝嵌入针尖。

插入的角度有以下几种：

①垂直的花枝底端切平而平插于针尖上。

②斜伸的枝条则在底端斜切，以切面平插于针尖。为了加固可另切一段枝条撑着这一斜枝。

③有些柔软的枝条，为防止枝条的下垂，可以先在剑山上罩一块铅丝网，枝条穿过网眼再插在剑山上，利用网眼增加对枝条的扶持。

剑山在盆内的位置应避免放在容器中央，而偏于一旁或一角，除非较严格的规则式。

2. 花泥固定法

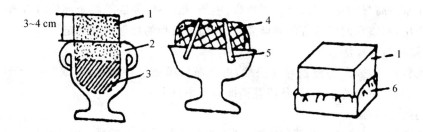

图 4-4　花泥固定法
1. 花泥　2. 花器　3. 填充物　4. 铁丝网　5. 胶带　6. 锡箔纸

花泥适于放置在浅阔的盆钵，便于斜插或下垂枝条向四周以不同的角度伸展。干花泥质地较轻，对悬挂布置的干花尤其适合。对鲜花插花，用时必须浸透水，泡浸时间不少于20 min，保证水到达中心部位，待吸足水后，可以根据使用的要求割切成适宜的大小和形状。如花泥滑动，可用防水胶带将它与盆壁粘连，也有用粘性强的粘胶泥将它粘于盆底。装进细口容器的，应将花泥切成凸字形状，然后倒过来将凸起的部分放入瓶内（在切成适合的形状后从开口压入）。花泥一般应高出容器2.5～5 cm左右，以便可以插出有一定幅度的作品。花材自花器口散射的角度愈大，花泥高出容器的尺寸应愈多。插时，枝条下端应斜切，容易插入，必须插至能够固定和吸到水分的深度。细弱易弯折的花柄和枝条，可先用锥子等器具在花泥块要插的位置刺洞，然后将枝条插入。

花泥不能重复使用，所以插花时切忌插了拔，拔了又插。在插花环、花篮等插花作品时，最好在花泥外罩上铁丝网，防止花泥散落，破坏花的造型。

3. 网眼固定法

即用铁丝网来固定。使用前，剪下一块或一条由铅丝织成的网，大小按容纳的瓶或盆而定，将它们叠或卷成帽状、球状，用铅丝缚紧，盖于瓶口或充塞于盆内，花柄或枝条即插入网眼中借以固定。铅丝网可以卷成多层，中间还可以纳入塑料碎片或蛭石等疏松材料，增加其牢固程度。另一种方法是将一整块泡沫塑料用铅丝网包裹缚好，放入容器内。花泥多孔质轻,枝条不难插入固定,包围在外的网眼可起加固作用。

4.瓶插固定法

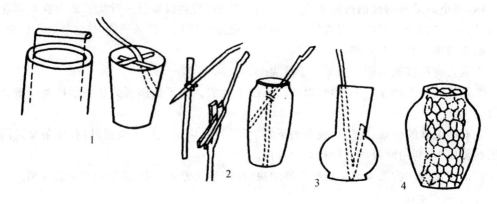

图 4-5　瓶插固定法

在使用窄口高身的花瓶时,可利用瓶口、瓶颈、瓶内壁、瓶底等各个部位对所插的花卉枝条起支撑作用,调整它们到适宜的伸展姿态,凭借与瓶身的接触得到固定。

(1)分隔瓶口支撑法

瓶口比较宽时,插入的枝条容易松动,可在瓶口横搁以小木条,形成"一"字形、"十"字形、"丫"形或"米"字形的小格,枝条或花柄即插入小格中固定。

(2)反弹力支撑法

对弯曲的枝条可选择弯曲部位折弯,利用弯曲的部位产生反弹力以更好地撑住瓶壁,从而使枝条得到固定。

(3)分隔瓶口空间支撑法

一些玻璃容器内壁光滑不易支撑或异型容器可用此法。还可将横搁的木条深搁到瓶的中部,插入的花枝基部有分叉时可以利用,或者在基部切割出裂缝,让它们嵌入枝条。垂直放入木条或枝条,用它来接驳插入的枝条,也可以达到支撑固定的目的。这些方法也可以并用。没有枝杈,可用胶带缚扎,最后用一些叶子掩饰。还可以用铅丝、花泥结合固定。

六、思考与作业

1.如何进行花材的修剪?

2.如何进行花材的弯曲?

3.叙述花材固定的方法。

七、实训报告

1.简述插花的修剪、弯曲、固定等知识点。

2.实训中练习各种花材的修剪、弯曲、固定技术,并将实训的内容如实记录。

3.完成实训报告,按下表填写基本内容。

表 4-1　《插花艺术》实训报告

系部：　　　　　　专业：　　　　　　班级：

姓名		学号		实训组	
实训时间		指导教师		成绩	
实训项目名称					
实训目的					
实训要求					
实训原理					
实训仪器					
实训步骤					
实训方案					
实训内容					
实训总结					
指导教师意见	签名：　　　　　　年　　月　　日				

注:各学校可根据教学需要对以上栏目进行增减。表格内容可根据内容扩充。

训练二　东方式插花基本花型制作

一、实训目标

通过本实训的学习,掌握插花的基本过程和东方式基本花型的插法,为制作东方式插花奠定基础。

二、实训原理

欲使插花造型构图完整,应遵循以下原理:多样与统一、比例与尺寸、调和与对比、动势与均衡、节奏与韵律。除此,还要符合植物自然生长规律,注意线条的应用,借鉴参差不齐、虚实相生等艺术手法。

三、实训准备

1. 材料:花材、花泥(剑山)。
2. 用具:容器、铁丝、胶带、剪刀等。

四、实训要求

采用以教师引导、学生自主训练为主的教学组织形式。

五、实训步骤

(一)直立型

表现植株直立生长的形态,总体轮廓应保持高度大于宽度,呈直立的长方形状。多用高而窄的容器,与插花的花形协调,并强调垂直感。以垂直线为装饰重点的房间最适宜布置直立型插花,窄而高的架子也适于放置。

插制步骤如下:

1. 第 1 枝取直立的姿态以 10°的范围插进去,第 1 枝的长度取花器高度和直径之和

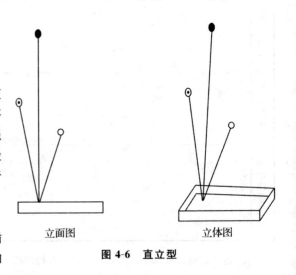

立面图　　　　　立体图

图 4-6　直立型

的 1.5～2 倍。

2. 第 2 枝取倾斜的姿态,向前或向后,插于第 1 枝的一侧(左侧)。第 2 枝的长度约为第 1 枝的 2/3 或 3/4,花材与第 1 枝同。

3. 第 3 枝取稍微倾斜的姿态,插于与第 2 枝相对的另一侧。第 3 枝的长度为第 2 枝长度的 2/3 或 3/4,可选用木本或草本花材。

4. 用线形的花材与叶依傍着主枝,花材可与之相同,也可用草本花材,多少视需要而定,原则上其长度不可超越所陪衬的主枝。

5. 沿直立轴还可以用一些团簇花加以装饰,尤其在焦点部位,以强调兴趣中心。但用量不能多,以免近于基部的部位过于膨大成为三角形。

6. 填充的枝叶使用也应限制,以保持直立的体形。

(二)倾斜型

倾斜型将主要花枝向外倾斜插入容器中,利用一些自然弯曲或倾斜生长的枝条,表现其生动活泼、富有动态的美感。总体轮廓应呈倾斜的长方形,即横向尺寸大于高度,才能显示出倾斜之美。材料常用木本枝条。

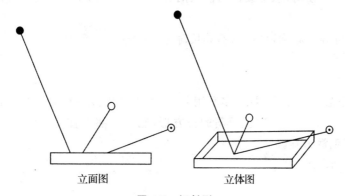

立面图　　　　　　　　立体图

图 4-7　倾斜型

插制步骤如下:

1. 第 1 主枝以 30°～70°的角度插进去,可稍前倾。

2. 第 2 主枝可斜也可直,可以插在第 2 枝的(另一侧)反向,以稳定整个花型,可稍向后倾。

3. 第 3 枝同第 2 枝可斜或可直,位置稍微偏向右边(第 2 枝),插在第 1 枝与第 2 枝中间。

(三)水平型(展开型)

水平型是将主要花枝横向斜伸或平伸于容器中,着重表现出横斜的线条美或横向展开的色带美。倾斜的三主枝虽然都在一个平面上,但每一支花的插入有长有短,有远有近,一般将第 1 主枝插在花器的一侧,第 2 主枝插在另一侧,第 3 主枝根据重心平衡情况插入。造型并非仅此一种,有许多变式,第 1、2 主枝可以在同一侧出现,平衡关系由第 3 枝解决。

插制步骤如下:

1. 第 1 主枝以 70°～120°的角度插进去,贴进盆钵水平伸展,范围宽于倾斜形,均控制

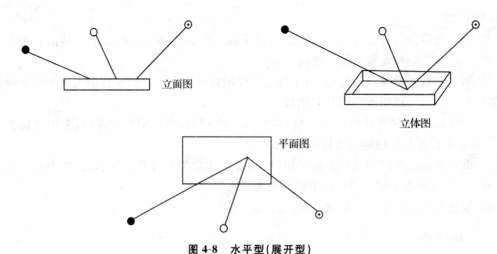

图 4-8　水平型（展开型）

在水平线上，稍向前或向后。

2. 第 2 主枝插在另一侧，可以倾斜至直立，以平衡第 1 枝。

3. 第 3 枝与第 2 枝同，水平或横向插入两者之间，可与第 1 枝在同一方向。

4. 多用盆插。

5. 两侧之枝可等长对称，也可以不等长对称。

(四)下垂型

主要花枝向下悬垂挂于容器中，多利用蔓性、半蔓性以及花枝柔韧易弯曲的植物，表现枝条柔软飘洒的姿态。总体轮廓呈下斜的长方形，瓶口上部不宜插得太高。一般陈设在高处或几架上，仰视观赏为宜。

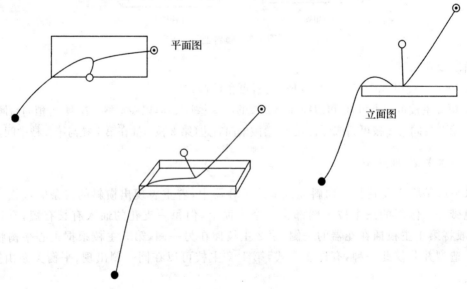

图 4-9　下垂型

插制步骤如下：

1. 第 1 主枝以大于 120°的角度插进去，向前下方伸展。

2. 第 2 主枝可采取斜直或下垂的姿态，与下垂的主枝对应，取得均衡，以产生变化。

3. 第 3 主枝可插在两者之间，取直立或倾斜的姿态，以稳定重心，可前可后，可由多朵花枝组成，角度稍不同。

4. 插上辅助枝与叶。

(五)对称型

对称型可以插成直立型的，也可插成倾斜型的。适于盘式插或花篮等。草本花与木本花都可配合用。

插制步骤如下：

1. 第 1 主枝插于左侧中线附近，略向后倾。

2. 第 2 主枝插于另一侧前倾，长度短于第 1 主枝。

3. 第 3 主枝插于第 1 主枝与第 2 主枝之间，取直立姿态。

4. 为稳定第 1 主枝，可在第 1 主枝旁前倾的位置插少许辅助枝。

5. 第 2 主枝为取得与第 1 主枝均衡，可在其旁向右前的位置插辅助枝。

6. 插上衬叶。叶不可向前，应与第 3 枝呼应，面向第 3 枝。

在具体的操作中，先确定花型，画出具有东方式插花特点的插花作品草图。然后按照花型的插作步骤，选取花材，对花材进行修剪、造型固定。最后从整体上对作品进行修饰并命名。

六、思考与作业

1. 插花造型的基本原理包括哪些内容？

2. 东方式插花常采用哪些表现手法？

3. 东方式插花是如何表达作品意境的？

4. 命名的原则是什么？命名的方法有哪些？

5. 总结各种花型的插作方法。

七、实训报告

1. 简述插花造型的基本原理、东方传统插花艺术的特点与风格、东方传统插花的基本花型插作等知识点。

2. 实训中按步骤进行创作，如实作好记录。

3. 完成实训报告，按表 4-1 填写基本内容。

训练三　西方式插花基本花型制作(一)

一、实训目的

通过本实训的学习,掌握西方式插花的特点和三角型、L型等典型花型的插作,为制作西方式插花奠定基础。

二、实训原理

为使插花造型构图完整,应遵循以下原理:多样与统一、比例与尺寸、调和与对比、动势与均衡、节奏与韵律。除此,还要注意西方式插花对花材、花型及色彩的要求,做到:外形规整,轮廓分明;层次清楚,立体感强;焦点突出,主次分明。

三、实训准备

1. 材料:花材、花泥。
2. 用具:容器、剪刀、胶带、刀片、铁丝等。

四、实训要求

采用以教师引导、学生自主训练为主的教学组织形式。

五、实训步骤

(一)三角型(单面观)

单面观三角型端庄瑰丽,是西方插花中的基本形式之一。花型外形轮廓为对称的等边三角形或等腰三角形,下部最宽,越往上部越窄。不宜插成扁的或任意三角形。一般选线条花构成骨架,在焦点处插上朵大色艳的花,然后将其他花按一定位置插好,最后加填充花。

插制步骤如下:

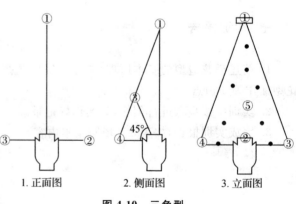

1. 正面图　　2. 侧面图　　3. 立面图

图 4-10　三角型

第 1 枝花长＝花器尺寸的 1.5～2 倍。插在花泥正中偏后 2/3 处,略向后倾,前面留出较多的空间容纳丰满的焦点花簇。如花型较大,可向后稍作倾斜,但不要超出花器之外。

第 2 枝花长＝第 1 枝花长的 1/3～1/2。插在花泥左或右靠后部 2/3 的位置,与垂轴线成 90°。

第 3 枝花长＝第 2 枝花长,与 2 对称,2、3 为花型的水平轴。

第 4 枝花长＝第 1 枝花长的 1/4～1/3,短于水平轴,插在花器的正面中央。

第 5 枝花为焦点花,在 1、4 的连线上,以 45°角插在花泥中央靠后的位置。

第 6 枝花插在 1、2 连线上靠顶端 1/3 处。

第 7 枝花插在与 6 对称的位置。

第 8 枝花插在 1、2 连线上靠下 1/3 处。

第 9 枝花插在与 8 对称处。

第 10、11 枝花插在 1、4 直线上,1 与 5 三等分的位置。

第 12、13、14、15、16、17 枝花配置在焦点的四周。

最后插填充花。在焦点花周围插入长短不一的小花和叶片。小花、叶片不要超过主花,比主花稍低。

也可选用叶插出花型大体的轮廓,然后再插花枝。注意叶的高度不要超过花枝。

(二)L 型

这是一个不对称花型,以枝叶、花朵插成拉丁字母 L 型。垂直轴插在花器左侧后方,左边和前轴较短,插成像两个相互垂直放置的长三角锥似的。在这两短轴所形成的三角形内,花材较密集,也是焦点位置所在,然后向外延伸花材逐渐减少。这个花型可作多样变化,纵、横两轴线可稍作弯曲,以表现出轻松活泼。适于摆设在窗台或转角的位置。

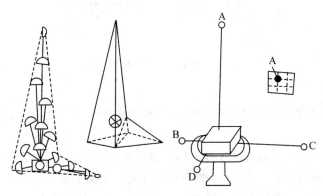

图 4-11 L 型

插制步骤如下:

第 1 枝花长为花器尺寸的 1.5～2 倍,垂直插于花泥左后方 2/3 处。

第 2 枝为 1 长的 1/2～3/4,插在花泥的右侧,稍倾向前、向下的位置或与垂直轴垂直。

第 3 枝为 1 的 1/4 长,在 1 前与 1 成 30°,插于花泥左侧,稍向下。

第 4 枝花与 3 等长,插在 1 右侧,与 1 成 30°,并向后倾斜 30°。

第 5 枝花与 4 等长,与 1 成直线,沿容器边缘稍朝下插入(垂直插入)。

第 6 枝花是插花的焦点,长为 1 的 1/4,插在 1、5 的连线上,成 45°角。

第 7 枝花以右侧为焦点,插在 4、5 连线的中央,此造型越接近容器的焦点处,花越密集。

第 8 枝花为 1 的 1/4 长,插于 1、3 连线上。

第 9 枝花插于较 8 稍低处,与 1、4 成一直线。

第 10、11 枝花插在 1、3 的连线上。

第 12、14、13、15 枝花,分别插于 2、4,2、5 连线上。

第 16 枝插于 3、5 中间。

第 17、18 枝花插于 1、5 连线上,但不要和 8、9、10 并排。

第 19、20 枝花插于 2、7 的连线上,但防止与 12、13、14 重叠。

(三)弯月型

插花整体如一弯新月,所成的曲线从左上角向右下方延伸,以容器上沿中点稍上处为焦点,在焦点的左右各伸出一臂,左边的较长,占整条新月形曲线的 2/3,右边为 1/3,以焦点为支点,全条曲线可升降。一般先插弧线轮廓,在弧线连线花器中央向前倾斜插上焦点花。然后在中央轴线的两侧插内线侧与外侧线。在主焦点侧面插补焦点。最后在空处插小花和叶片。也可以先用叶子插出轮廓,再顺着弧线来插花。

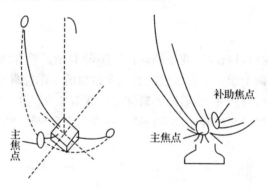

图 4-12　弯月型

插制步骤如下:

第 1 枝花长为花器尺寸的 1.5~2 倍,将茎弯曲成优雅柔美的曲线,插在花泥表面左后方 1/3 处。

第 2 枝花为 1 长的 1/2,也将茎弯曲成曲线,沿容器边缘插在花泥右后方 1/3 处,朝向 1。

第 3 枝花为 1 长的 1/5,在花泥中心线靠近前方成 45°角处斜插入,并位于 1、2 连线的中心。

第 4 枝花与 3 等长,沿容器边缘插在正面,位于 1、2 外线的中心。

第 5 枝花较 3 略短,成 90°角插于花泥中心线后方 1/3 处,刚好是 1、2 连线的内线中心。

第 6、7 枝花与 4 等长,分别插在 4 的两侧,并与 4 成 45°角。

最后构成 1、3、2,1、4、2 和 1、5、2 三条连线,在外线与内线上在插上主花。外线花稀,内线花密。两尖端处布置花蕾与小花,或花朵向焦点逐渐增大。同时在空处插上小花和叶。

但无论怎样插,不能破坏轮廓。

在具体的操作中,先确定花型,画出草图。然后按照花型的插作步骤,选取花材,并修整花材,对花材进行造型固定。最后对作品进行整体修饰。

六、思考与作业

1. 西方传统插花艺术的风格特点是什么?

2. 说明三角型、L 型、弯月型插花的结构特点与应用环境?

七、实训报告

1. 简述插花造型的基本原理、西方传统插花艺术的风格与特点、传统几何式插花造型设计的要求、西方传统插花的基本花型插作等知识点。

2. 实训中按步骤进行制作,如实作好记录。

3. 完成实训报告,按表 4-1 填写基本内容。

训练四 西方式插花基本花型制作(二)

一、实训目标

通过本实训的学习,掌握西方式插花的特点和 S 型、半球型、扇型等典型花型的插作,为制作西方式插花奠定基础。

二、实训原理

为使插花造型构图完整,应遵循以下原理:多样与统一、比例与尺寸、调和与对比、动势与均衡、节奏与韵律。除此,还要注意西方式插花对花材、花型及色彩的要求,做到外形规整,轮廓分明;层次清楚,立体感强;焦点突出,主次分明。

三、实训准备

材料用具:花材、容器、花泥、剪刀、胶带、刀片、铁丝等。

四、实训要求

采用以教师引导、学生自主训练为主的教学组织形式。

五、实训内容

(一)S 型

插花的整体如字母 S,上下反向对称。整个造型给人以曲线美。在容器上沿中央的上方是焦点,由此伸出方向相反的左上、右下两段。上段占全曲线的 2/3,下段则分布于容器上沿以下,所用枝条呈稍弯而悬垂状态。一般先插上、下两段,再插焦点花,后再在主枝和焦点邻近布置花朵。

插制步骤如下:

第 1 枝花长度为花器尺寸的 2 倍,将花茎弯曲成优美的曲线,向上插在花泥表面左后方约 1/3 处。

第 2 枝花长为 1 的 1/2,弯曲成曲线,向下沿容器边缘插于花泥右后方约 1/3 处。

第 3 枝花长为 1 的 1/5,插于花泥中心靠近前方,成 45°角斜插。1、3、2 连成中央线。

第 4 枝花比 3 略短,沿容器边缘插于容器正面中央。

第 5 枝花与 4 等长,垂直插于花泥表面中央线后方的 1/3 处。

第 6、7、8 枝花等距离插于 1、3 连线上。

第 9、10 枝花等距离插于 3、2 连线上。

最后在上、下段曲线上散插其他花材,但切忌和中央线上的花重叠。

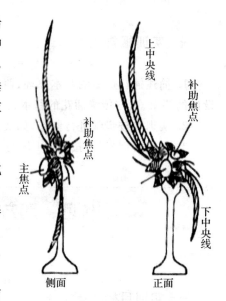

图 4-13 S 型

(二)水平型与半球型

为四面观花的花型,适于茶几、餐桌。水平型与半球型也是先插主轴,然后对称插入其他丛枝,最后适当加入填充叶与花。

1. 水平型插花

水平型插花为完全对称的花型,可四面观赏。选用的花器范围广,最好选用矮而有一定

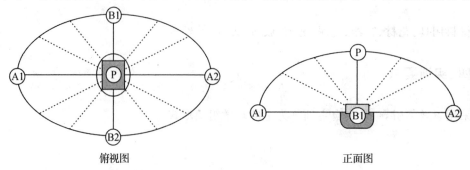

图 4-14 水平型

宽度的花器。一般先插主枝,垂直轴不宜太高,水平轴可平或向下弯曲。其次,把各种花均匀分布,花枝的长度不超过轴线顶点的连线,使花型轮廓呈中间稍高、四周渐低的圆弧形插花体。花型中心部分选用大朵花材,两端选用小朵花材。如有特形的焦点花,可在中垂线的两侧插入。插时,各种花叶宜对称插入。多用于接待室和大型晚会的桌饰。

插制步骤如下:

第 1 枝花的长度为花器尺寸的 1.5~2 倍,按水平或稍向下方向,插在花泥侧面中央。

第 2 枝花与 1 等长且对称。

第 3 枝花长为 1 的 1/3~1/2,插花泥侧面中央。

第 4 枝花与 3 等长并对称。

第 5 枝花与 3 等长,垂直插在花泥表面中央。

第 6、7 枝花插在 1、3 连线三等分处。

第 8、9 枝花插在 2、4 连线三等分处,且同 6、7 相对称。

第 10、11,12、13 枝花分别插在 2、3、1、4 连线上。

第 14、15 枝花为焦点花,选朵大色艳的花材,分别插在 5、3,5、4 连线中间处。

第 16、17 枝花插在 1、5 连线等分处。

第 18、19 枝花与 16、17 对称。

第 20、22 枝花分别插在 5、6,5、8 连线中间处。

第 21、23 枝花分别插在 5、7,5、9 连线中间处。

第 24、26 枝花分别插在 5、10,5、12 连线中间处。

第 25、27 枝花插在 5、11,5、13 连线中间处。

最后填充叶与小花。

2. 半球型

与水平型差不多,只是插花外形轮廓呈半球型。要求各轴线长度相等,且底边要水平,使整个花型轮廓线圆滑而无明显的凹凸部分。多选用同一色系的深色花材制作。宜用浅盆作花器。

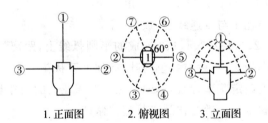

1. 正面图   2. 俯视图   3. 立面图

图 4-15　半球型

插制步骤如下:

第 1 枝花长与花器尺寸等长,垂直插于花泥的中央。

第 2、3 枝花与 1 等长,并与 1 成 90°角,插于花泥侧面。

第 4 枝花插在 2 与 3 所构成的半球形上,靠近 2 约 1/3 位置上。

第 5 枝花与 4 对称。

第 6 枝花插在 2 与 3 所构成的半圆形上,靠 3 约 1/3 位置上。

第 7 枝花与 6 对称。

第 8 枝花插在 2、4 中间，1 与 2 所构成的半圆形下方 1/3 的位置。

第 9 枝花插在 7、5 中间，并与 8 对称。

第 10 枝花插在 3、6 中间，并与 8 成同样的角度。

第 11 枝花插在 4、6 中间，1 下面约 1/3 的位置上。

第 12、13 枝花分别在 7、2，5、3 中间，角度都与 11 相同。

最后插配叶及散状花材。

不管是水平型，还是半球型，可先用叶插出花型的轮廓，然后用对称的法则均匀插入花材。

(三)放射型与扇型

放射型与扇型插法相似，都是围绕中心点呈放射线状向四周延伸。但扇型的焦点不宜置偏，射线也不要突出太长，外轮廓呈半圆形。容器应选用口宽而具有一定高度的器皿。插花顺序可先插叶再插花，用叶插出轮廓。

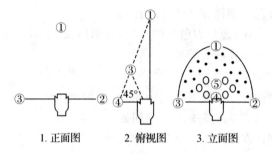

1. 正面图   2. 俯视图   3. 立面图

图 4-16 放射型与扇型

插制步骤如下：

第 1 枝花长度为花器尺寸的 1.5～2 倍，垂直或向后微倾插入。

第 2 枝花与 1 等长(若不对称，长度为 1 的 3/4)，插花泥侧面。

第 3 枝花与 2 对称。

第 4 枝花长为 1 的 1/5～1/4，与 1 成 90°角。

第 5 枝花为焦点，插在 1 与 4 连线上，成 45°角。

其余的花分别插 2、4，1、2，3、4，1、3 连成的半圆弧线上，距离均相等。焦点花周围散点较大的花间，填充较小的花，背后衬绿色的叶，如加上散状花更美。

在具体的操作中，先确定花型，画出草图。然后按照花型的插作步骤，选取花材，并修整花材，对花材进行造型固定。最后对作品进行整体修饰。

六、思考与作业

说明 S 型、半球型、扇型插花的结构特点与应用环境。

七、实训报告

1. 简述插花造型的基本原理、西方传统插花艺术的风格与特点、传统几何式插花造型设计的要求、传统西方式插花的基本花型插作等知识点。

2. 实训中按步骤进行制作,如实作好记录。

3. 完成实训报告,按表 4-1 填写基本内容。

训练五 花篮的制作

一、实训目标

通过本实训的学习,掌握花篮的制作方法,在应用所学花型的基础上进行花篮的插作。

二、实训原理

该实训为设计性实训,学生在实验前应充分了解实训所涉及的原理、内容,根据实训步骤,自行设计实训方案并加以实施。

三、实训准备

材料用具:花材、花篮、花泥、剪刀、胶带、铁丝等。

四、实训要求

采用以学生自主训练为主的开放模式组织教学。实验结束后集中所有学生的插花作品,插花作品的欣赏品评以教师引导、学生相互评价作品为主。

五、实训步骤

1. 根据实训所提供的花篮及花材进行花型的设计。

2. 选取花材,并按造型要求修饰、弯曲、固定花材。

3. 进一步对插花作品整体修饰。

4. 对作品进行命名。

六、思考与练习

总结花篮插花的特点。

七、实训报告

1. 简述该实训所涉及的知识点。以小组为单位,事先自行设计实训方案。
2. 实训中按实训方案进行创作,如实作好记录。
3. 完成实训报告,按表 4-1 填写基本内容。

训练六　花束的制作

一、实训目标

通过本实训的学习,掌握几种常见花束的插作方法。

二、实训原理

遵循多样与统一、比例与尺寸、调和与对比等原理,除此,还要注意花束对花材、花型及色彩的要求。

三、实训准备

1. 材料:花材。
2. 用具:铁丝、剪刀、胶带、塑料包装纸等。

四、实训要求

采用以教师引导、学生自主训练为主的教学组织形式。

五、实训步骤

(一)扎花束前花材的处理

手扎花束主要分单面花束、四面花束(螺旋花束)、有骨架的花束等,在制作之前都需对花材进行处理。

1. 将选配好的主花茎下部 1/3 的叶、刺全去掉,按花材种类排放在操作台上。
2. 花头与茎干易分离或不易整形的花材可用铁丝加固。
3. 主花若开放得少,可用手强行将其打开一点。

4. 整理花材时不用的断头花可留做头花、胸花、浮花等。

(二)单面花束的制作与包装

1. 单面花束的制作

单面花束一般制作近似三角形,可单手握持,也可将花材放在台面上造型。

(1)选择条状花材作三角形的顶点,先将几枝条形花材错落有致地握在手中或将其放在台上。

(2)两边加入团块花。

(3)将叶材放在握把处,衬托上面的花材与颜色。

(4)将手握处扎紧,根部留 13~14 cm 长度,其余剪掉。

2. 单面花束的包装

(1)首先用湿棉花裹住花梗端部,然后用铝箔纸包紧以保湿,再将一张方形包装纸摊开,将花束放在包装纸上。

(2)先将花束下方的包装纸往上折。

(3)再将左右两侧的包装纸往内折。

(4)将花梗处握把部分的包装纸扎紧,系上蝴蝶结即可。

(三)四面花束的制作与包装

1. 四面花束的制作

四面花束一般制作成半球型、圆锥型等。制作关键是螺旋花材握持法。

(1)选取 2~3 枝枝条挺直的花材并在一起作为花束的主枝,使其呈交叉状放在手中。

(2)依次向交叉点加入花材,形成螺旋状,直到加完。注意朝一个方向。花枝插入的方向可根据自己的习惯,向左或向右。如握拿不方便,可将花束旋转一个角度再继续加花。

(3)调整各花枝的姿态,使主要花枝的花头朝外,配花(叶、草)应分布均匀。用丝带由右向左捆扎。捆扎好后,将花束下端剪齐,并再次整理花束的姿态。

2. 四面花束的包装

(1)将捆扎整理好的花束下端放于包装纸的中心,包装纸从花束底部向上将花束包起。

(2)用丝带在花材螺旋点的位置捆扎。用剪刀口轻轻刮拉,使之产生自然弯曲。绑上蝴蝶结即可。

在具体的操作中,先确定花束花型,画出草图。然后按照各花束的插作步骤,选取花材,进行修剪、弯曲、固定。最后对花束进行包扎、修饰。

六、思考与练习

总结不同花束的插作方法。

七、实训报告

1. 简述花束的制作、包装等知识点。

2. 实训中按步骤进行制作，如实作好记录。

3. 完成实训报告，按表 4-1 填写基本内容。

训练七　架构式现代花艺设计

一、实训目标

为了更好地掌握现代花艺制作的要点，通过架构式花艺的制作实践，理解现代花艺设计的构图要求；了解现代花艺设计的基本创作过程；掌握现代花艺设计的制作技巧、花材处理技巧、花材固定技巧，丝带花制作技巧。在老师的指导下完成一件架构式现代花艺设计作品。

二、实训准备

1. 插花花材：柳枝、文心兰、洋桔梗、丝石竹（满天星）、蓬莱松等。

2. 插花用具：剪刀、枝剪刀、喷雾器、铁丝、绿胶带、花插等。

3. 容器：试管。

三、实训步骤

1. 根据构图进行花材处理。

2. 根据构图进行架构式花艺的插制。

3. 整理、加水。

四、实训要求

1. 插前准备：废物袋、工作台布准备、花材整理分类。

2. 花材、花器选配：合理修整花枝，正确选配花器。

3. 固定方法：架构固定牢固、稳定，符合造型要求。

4. 构图造型：布局自然舒展，造型优美，架构长、宽、高大于 40 cm，小于 60 cm。

5. 色彩配置：符合主题，主次分明，搭配和谐。

6. 意境内涵：内涵深刻，命题贴切，含蓄优雅。

7. 制作技巧：制作熟练，加工合理、自然。

8. 整理修饰：补充得当，遮掩自然、飘逸优美。

9. 吸水保养：花材充分吸水，延长作品保鲜期。

10. 清场：自觉清场，保持桌面整洁、地面清洁。

五、实训报告

绘制作品草图,对架构式现代花艺全操作过程进行分析、总结。

训练八 非架构式花艺设计

一、实训目标

为了更好地掌握现代花艺制作的要点,通过非架构式花艺的制作实践,理解现代花艺设计的构图要求;了解现代花艺设计的基本创作过程;掌握现代花艺设计的制作技巧、花材处理技巧、花材固定技巧,丝带花制作技巧。在老师的指导下完成一件非架构式现代花艺设计作品。

二、实训准备

1. 插花花材:柳枝、文心兰、洋桔梗、丝石竹(满天星)、蓬莱松等。
2. 插花用具:剪刀、枝剪刀、喷雾器、铁丝、绿胶带、花插等。
3. 容器:试管。

三、实训步骤

1. 根据构图进行花材处理。
2. 根据构图进行非架构式花艺的插制。
3. 整理、加水。

四、实训要求

1. 插前准备:废物袋、工作台布准备、花材整理分类。
2. 花材、花器选配:合理修整花枝,正确选配花器。
3. 花材的选择与整理:根据无架构式钵花作品的需要,选择整理加工花材。
4. 创意与设计:突出无架构式钵花的特点技法进行创作,具备简单绘制草图的能力。
5. 整体构图造型:无架构式钵花的整体构图造型符合比例尺度要求,整体造型美观、大方。
6. 设色效果:根据作品主题和立意,选择适宜的色彩组合。

五、实训报告

绘制作品草图,对非架构式现代花艺全操作过程进行分析、总结。

训练九 自然园景式花艺设计

一、实训目标

为了更好地掌握现代花艺制作的要点,通过自然园景式花艺的制作实践,理解现代花艺设计的构图要求,了解现代花艺设计的基本创作过程,掌握现代花艺设计的制作技巧、花材处理技巧、花材固定技巧。在老师的指导下完成一件自然园景式花艺设计作品。

二、实训准备

1. 插花花材:虎皮兰、文心兰、洋桔梗、丝石竹(满天星)、蓬莱松等。
2. 插花用具:剪刀、枝剪刀、喷雾器、铁丝、花插等。
3. 容器:景盆。

三、实训步骤

1. 根据构图进行花材处理。
2. 根据构图进行自然园景式花艺的插制。
3. 整理、加水。

四、实训要求

1. 插前准备:废物袋、工作台布准备、花材整理分类。
2. 花材、花器选配:合理修整花枝,正确选配花器。
3. 花材的选择与整理:根据自然园景式作品的需要,选择、整理加工花材。
4. 创意与设计:突出自然园景式花艺的特点技法进行创作,具备简单绘制草图的能力。
5. 整体构图造型:自然园景式花艺的整体构图造型符合比例尺度要求,整体造型美观大方。
6. 设色效果:根据作品主题和立意,选择适宜的色彩组合。

五、实训报告

绘制作品草图,对自然园景式花艺全操作过程进行分析、总结。

训练十 平行式花艺设计

一、实训目标

为了更好地掌握现代花艺制作的要点,通过平行式花艺的制作实践,理解现代花艺设计的构图要求,了解现代花艺设计的基本创作过程,掌握现代花艺设计的制作技巧、花材处理技巧、花材固定技巧。在老师的指导下完成一件平行式花艺设计作品。

二、实训准备

1. 材料:蛇鞭菊、剑叶、洋桔梗等。
2. 用具:剪刀、枝剪刀、喷雾器、铁丝、绿胶带等。

三、实训步骤

1. 根据构图进行花材处理。
2. 根据构图进行平行式花艺的插制。
3. 整理、加水。

四、实训要求

1. 插前准备:废物袋、工作台布准备、花材整理分类。
2. 花材、花器选配:合理修整花枝,正确选配花器。
3. 花材的选择与整理:根据平行式作品的需要,选择、整理加工花材。
4. 创意与设计:突出平行式作品的特点技法进行创作,具备简单绘制草图的能力。
5. 整体构图造型:平行式作品的整体构图造型符合比例尺度要求,整体造型美观、大方。
6. 设色效果:根据作品主题和立意,选择适宜的色彩组合。

五、实训报告

绘制作品草图,对平行式花艺全操作过程进行分析、总结。

训练十一　人造花或干花插制

一、实训目标

为了更好地掌握人造花、干花插花的要点,通过人造花、干花插花的制作实践,理解人造花、干花插花的构图要求,了解人造花、干花插花的基本创作过程,掌握人造花、干花插花的制作技巧、花材处理技巧、花材固定技巧。在老师的指导下完成一件人造花、干花插花作品。

二、实训准备

1. 插花花材:创作所需的人造花花材,包括线条花,如大花飞燕草、菖兰、鸢尾等;焦点花,如百合、红掌、月季、牡丹、非洲菊等团状花;补充花,如小菊、情人草、满天星等散状花;叶材,如龟背竹、肾蕨等。
2. 插花用具:干花花泥、钢丝钳、剪刀、热胶枪、铁丝等。
3. 容器:花瓶。

三、实训步骤

1. 将干花花泥固定在花瓶中,用热胶枪来固定花泥。
2. 利用线条花插成不等边三角形的框架,然后按顺序插入焦点花、补充花、叶材等花材。
3. 整理等。

四、实训要求

1. 构思要求:独特有创意。
2. 色彩要求:新颖而赏心悦目。
3. 造型要求:符合不等边三角形构图造型要求。
4. 固定要求:整体作品及花材固定均要求牢固。
5. 整洁要求:作品完成后操作场地整理干净。

五、实训报告

绘制作品草图，对人造花、干花全操作过程进行分析、总结。

【附录】艺术插花比赛规则与评分标准

一、比赛规则

1. 所有参赛作品必须以天然植物花材为主题，不能以其他物件喧宾夺主。

2. 所有花材不可预先修剪，必须现场修剪。所有鲜花及新鲜植物的切口，必须浸在水中或插在浸透水分的物料之中。

3. 人造植物或花材不能使用。

4. 参赛选手根据设计自带插花所需各种花材、工具等，如花材、花泥、花器、水、辅材、喷壶和修剪工具，主办单位提供比赛场地、作品标签以及操作需要使用的桌椅。

5. 参赛选手需根据自己的设计创意为作品命名，填在作品标签上，待作品完成后放于作品前。

6. 比赛时间为 60 分钟，请选手合理安排时间，超时操作按照每 30 秒扣 1 分，直至扣到 5 分为止。比赛中途不得换人。完成作品后，不得随意离开现场，选手立于工作台侧，举手示意"操作完毕"，计时结束。

7. 本着绿色环保的原则，场地清洁和中途废弃料的处理情况将计入技巧项目中。

8. 所有选手操作完毕后，按照比赛序号逐一进行现场解说，将作品的主题、设计、寓意、寄语等进行阐述，限时 3 分钟。

9. 选手，最多配一名助手。助手不得参与作品的插制。

二、评比标准

作品的评分主要分为四项：主题创意、整体构图造型、色彩搭配、技巧做工。

（一）主题创意（30 分）

主要评价设计的主题是否得以合理地表现以及具有独创性和原创性。

（二）整体构图造型（30 分）

主要评价作品的设计和平衡是否恰当，使用的材料是否恰当，每个要素是否都融洽地结合在一起并产生合适的效果，作品在视觉和实质上是否保持平衡，是否有明显的三维空间，各部分的衔接是否自然、适当。

(三)色彩搭配(20分)

评价作品使用的色彩及各色彩之间的协调性,与主题相关的颜色使用得是否恰当,色彩的过渡是否给人美感。

(四)技巧做工(20分)

主要评价选手在设计结构、枝叶裁剪上表现出来的技巧,使用胶条、绳子及其他设计材料时,是否正确和专业。

三、评分细则

表 4-2 艺术插花比赛评分表

项目	标　　准	分值	得分
创意与主题	独创性	30	
	感染力		
	主题表达		
	花材选择		
	风格		
整体构图造型	焦点	30	
	造型		
	平衡		
	体量与比例		
	线条与韵律		
色彩配置	整体协调	20	
	视觉感染力		
	烘托主题		
	色彩平衡		
技巧做工	稳定性	20	
	遮盖与整洁		
	花材处理		
	现场清理		
	花材的经济性		
合计		100	
操作时间:　　分　　秒　　　超时:　　秒　　　扣分:　　分			
实际得分			

选手序号＿＿＿＿＿＿＿＿＿＿　　　　裁判员(签名)＿＿＿＿＿＿＿＿＿＿

训练十二　蝴蝶兰组合盆栽技术

一、实训目标

　　熟悉蝴蝶兰单一品种盆栽组合的要领;根据组合构思设计,熟练操作蝴蝶兰组合盆栽技能,达到组合盆栽的群体美,体现蝴蝶兰婀娜多姿的优雅美。

二、实训准备

　　1. 材料:蝴蝶兰单株开花苗、水苔草。
　　2. 用具:大号花盆、中号花盆、小号花盆、丝线、枝剪、喷壶等。

三、实训步骤

　　在老师的指导下,分成 5 组,一组操作 10 株蝴蝶兰组合;二组操作 8 株蝴蝶兰组合;三组操作 6 株蝴蝶兰组合;四组操作 4 株蝴蝶兰组合;五组操作 2 株蝴蝶兰组合,分组各自组合操作。

　　第一步:10 株、8 株、6 株、4 株、2 株组分别选用合适的花盆,过大过小都会影响整体美。

　　第二步:10 株、8 株、6 株组可按前矮后高 F 型左右对称组合,注意保护好花朵和花叶。4 株、2 株组可选用 6 朵花以上者,按对视左前方,将花枝前低后高探出造型组合,花枝前后错落,展示蝴蝶兰花朵似蝴蝶一样翩翩起舞的美观。

　　第三步:将组合的蝴蝶兰整理叶片,用水草盖住种植钵,用喷壶向花叶处喷洒细腻水珠,达到湿润为止。将组合的花盆放置庇荫处静置,避免直晒和风吹。

四、实训评分

　　老师与学生共同评价组合效果,评定成绩。

训练十三　多种花卉组合盆栽技术

一、实训目标

熟悉多种花卉盆栽组合的要领；根据组合构思设计，熟练操作多种组合盆栽技能，达到组合盆栽上下呼应、左右平衡协调的的群体美，体现各种花卉婀娜多姿的优雅美。

二、实训准备

大红柱凤梨、中国兰、铁线莲、花烛、大岩桐、各种仙人球、大号花盆、中号花盆、小号花盆、丝线、水苔草、枝剪、喷壶等。

三、实训步骤

在老师的指导下，分成 5 组，一组以大红柱凤梨为主做组盆；二组以中国兰为主做组盆；三组以花烛为主做组盆；四组以各种仙人球做组盆；五组以观叶植物作组盆，分组各自操作。

第一步：各组按主花材大小分别选用合适的花盆，过大过小将影响整体美。

第二步：第 1～3 组分别用大红柱凤梨、中国兰、花烛按左右不对称平衡造型组合。大红柱凤梨、中国兰、花烛分别为主，左右配置多株或两株大岩桐或风信子等低矮花卉，形成左右高矮不对称造型，但视野有大小以使平衡，周边用铁线莲或天门冬绿叶衬托。第 4 组选用各色、高矮、长形、圆形不同的仙人球，按前矮后高合理搭配组合。第 5 组选用同一种观叶植物或同一种花卉（花烛）组合，按大小高矮组合在高盆中，体现立柱丰满的组合造型。

第三步：整理各组合的花卉叶片，用水草盖住种植钵，用喷壶向花叶处喷洒细腻水珠，以湿润为止。将组合的花盆放置庇荫处静置，避免直晒和风吹。

四、实训评分

老师与学生共同评价组合效果，评定成绩。

训练十四　水仙花雕刻与养护

一、实训目标

掌握 2 种以上的水仙花雕刻方法及不同造型的水仙花球的养护方法。

二、实训原理

　　水仙花通过雕刻的机械损伤,使器官的一侧或一面受损伤,在愈合过程中,受伤的一侧或一面生长速度减缓,未受伤的一侧正常生长,即生长速度较快。这样,叶片或花梗就发生偏向生长,即向受伤的一侧或一面弯曲。利用植物的趋光性控制水仙生长是造型的另一手段。向光面细胞的生长速度较背光面细胞的生长速度慢,所以就形成了地上部器官弯向阳光的结果。

　　雕刻造型的目的是通过刀刻或其他手段使水仙的叶和花矮化、弯曲、定向、成型,根部垂直或水平生长,球茎或侧球茎按造型要求养护、固定。水仙雕刻造型主要是对花、叶的雕刻,使花、叶达到艺术造型的目的。主要是通过雕刻的机械损伤、阳光和水分控制等办法实现。

三、实训准备

1. 材料:水仙花球 5～10 粒。
2. 工具:雕刻工具(主刀、小剪刀、斜刻刀)、镊子、棉花、水仙花盆。

四、实训步骤

1. 基本雕刻要点

水仙花基本雕刻法,可分为八个步骤:

(1)净化:在雕刻前,先把鳞茎球上的褐色外皮剥除,同时把护根泥、枯根及腐烂的杂质清除干净,避免水养时鳞片或根受污染而腐烂。

(2)开盖:从芽体弯向的鳞面动刀,左手平捏鳞茎球,右手持传统雕花刀,沿距离跟盘约 1 cm 处划一条弧形线,沿线朝球端削掉表面的鳞片,使全部芽体显露出来为止。

(3)疏隙:把夹在芽体之间的鳞片刻除,使芽体之间有空隙,便于对芽苞片、叶片和花梗进行雕刻。一种方法是使用传统雕花刀的刀尖伸进缝间刻削,这种方法适合于较熟练的雕刻者。另一种方法是使用斜口两用刀刻削,这种方法比较适合于初雕者。

(4)剥苞:把芽体露在外面的芽苞片剥除,剥除芽苞片的多少,应根据造型要求而定。一般是采用斜口刀尖在芽苞两边划两条直线,然后用刀尖从芽苞末端拨动苞片末端,拨动苞片

朝苞片基部方向顺剥,可防止花苞损伤。

(5)削叶:根据造型要求,确定削叶的宽度,先用斜口刀在叶片端部切一削口,再使用圆尖两用刀的圆口刀顺叶脉由叶端朝基部方向顺削。因为圆口刀的构造是刀口外弧有一定斜度,即便于削除叶片,又可避免损伤花苞。叶片若需要削至叶基,可采用尖型三角刀,顺叶脉插至基本部。

(6)刮梗:根据造型要求,确定刮花梗表皮的分量和朝向,使用斜口刀由梗端顺梗基方向刮除表皮。若需要刮至球根处,可使用尖形三角刀沿花梗表皮插至球根,一定要注意防止插伤花梗,造成哑花或掉花。

(7)雕侧鳞茎:母鳞茎一般都着生一对以上的侧鳞茎,侧鳞茎大多数是无花葶,但也有部分肥硕的侧鳞茎有花葶。在雕刻侧鳞茎时需小心观察。侧鳞茎是整个水仙花球的组成部分,也是水仙花造型不可缺少的内容。侧鳞茎的雕刻有以下几种:

第一种是不动刀雕刻,让其自然生长,长势直高后期叶片自然展开,一般是作为盆花两侧对称的衬体或作为背景。若在两侧鳞茎中间各套一个红纸圈,可作为欢度春节、象征吉祥如意之盆景。

第二种是从芽体端部凹削一刀,生长出来的叶片呈钩状,叶片比不雕刻的叶片稍低矮。如果凹度越长,长出来的叶端呈钩载状。对肥大有花箭的侧鳞茎,注意不能削到花苞。

第三种是从芽体弯向鳞面动刀,在距离根盘 1 cm 处朝牙端剥掉鳞片和芽苞片的一半,从叶端顺叶脉削掉叶片宽度约 1/2 至叶基,生长出来的叶片如禽类绒毛状,也可卷曲成圆环。

第四种是控制侧鳞茎叶片长势。从芽体弯向鳞面动刀,把距离侧鳞茎茎端 1 cm 处至靠近侧鳞茎根盘的鳞片和芽苞片剥掉一半,并从中削掉叶片宽度的 1/3。这样叶片就不会从芽端长出来,而是折地生长在侧鳞茎中部,虬蟠曲折,呈小山坡、丘陵状。如果是肥大侧鳞茎有花箭,在花耕靠近花苞处刮一点表皮,生长出来如山坡上的小树。

(8)修整:最好要把所有切口修削整齐,既保持外观优美,又可防止碎片霉烂。若要花球展开生长,要有规则地剖开底部的鳞片。

2. 几种特殊的水仙雕刻技法

(1)横切法:在鳞茎球的鳞面横刻一条与根盘平行的圆周线,朝球端剥掉全部鳞片,然后根据造型的要求来剥芽苞片、削叶片、刮花梗和插基,这种方法适用于雕刻花篮等造型。

(2)开窗法:为了保留鳞茎的外形不变,在鳞茎中部刻一个方形窗口,把口内的鳞片和芽苞片剥掉一半,露出叶片和花葶,然后根据造型要求再作雕刻,既要保留鳞茎外形,又要使叶片和花苞能根据造型的要求位置生长和开花。这种雕刻法适用于雕刻船舱等造型。

(3)掏心法:为了保留完整的鳞茎球外形,由母鳞茎端进刀,把其中部分鳞片芽苞掏出来,同时雕刻其中的叶片、芽苞片和花梗。这种方法适用于雕刻茶壶等。

(4)背刻法:为了保留观赏的鳞面,在视面的背面进行雕刻,使成型时既看不到雕刻面,又要使叶片和花蕊开放在视面周围或当中,在雕刻时首先确定视面,在视面背面尽量缩小雕刻面以保证视面鳞片的完整。关键是在雕刻中掌握叶片、花蕊的长势和定位,能符合造型的要求。这种方法适用于雕刻葫芦、桃、李等。

3. 水养工艺过程

(1)浸洗:将雕刻造型后的水仙球切口(雕刻面)向下。如水中含有漂白粉,应放一天后再用,浸没于清水中 24～48 h,让其充分吸水,使其芽体、根点萌动,然后洗净切口流出的黏液。浸泡一天后将黏液、残存污泥、残根及枯皮除净;浸洗可防止球茎腐烂及变色。水仙球茎内流出的黏液营养丰富,易滋生细菌,或使洁白的球茎变为褐色,影响观赏。球茎捞起后,再用清水淋洗,直至洗净为止。这时可用利刀对鳞茎上的切面进行修整,叶与花梗如有不顺意的地方也可修整,早、晚 2 次冲洗黏液。每天换水 1 次,保持水质干净,待鳞盘长出 1 cm 根须的时候,将水仙盆放在有阳光处养殖。

(2)盖棉:取出经过浸洗过的水仙球,用脱脂棉花或纱布盖住花球切口及鳞盘(根盘)垂入水中,起保温、保湿作用,利于接触不到水的根盘发根,保证刚萌发的根系迅速生长和防止伤口变黄。要避免阳光直射切口而造成焦黄。

(3)上盆放置方式:上盆放置的方式有仰置、竖置、倒置和俯置。仰置是雕刻伤口的一面朝上,根部朝向侧方;竖置即正置,即叶、花向上,根部向下放置;倒置是把雕刻的水仙球茎倒过来水养,即叶向下,根部朝上放置,一定要注意用脱脂棉盖住球茎盘和根部,并使棉花下垂至盆中,以吸水养根;俯置即反置,将有伤口的一面朝下,未伤的球茎一面朝上。

(4)水管养育:定植后的水仙球放水要适量,每天换水,应置于避直射光处 5 d 左右,待叶片转绿,伤口愈合后,移至向阳避风处进行光照,每天至少要有 1 h 阳光照射,否则容易产生哑花。隔日换水 1 次。勤换水有利于根须生长,且雪白晶莹;不经常换水,水质变坏,影响生长开花。在养育过程中,根据生长背地性原理,可随时调整球茎摆放,根据所构思的造型随时修刻、培育出所希望的造型。南方一般可在室外养育,北方室内养育应注意气温不宜高过 20 ℃,并要尽量保证充足阳光。气温如低于 5 ℃易受寒冻害,在 15 ℃气涡,花期长达 12～16 d。

(5)控温:要根据整个冬天的气候,晴、雨天多少,家庭居室的朝向、光照长短、室温等。要求水仙花在春节开花,就要适时雕刻水养,并通过控温、光照来控制花期。

(6)控制花期:气温和阳光直接影响花期。如距预定开花日 5～6 d 花蕾苞膜尚未自然绽开,可人工撕破,接受日光,减少苞膜束缚,达到预定开花的目的。

五、注意事项

(1)操作要小心,免伤花芽,否则将导致哑花。
(2)雕刻结合造型持续进行,应边雕、边养、边整型。
(3)水仙黏液有毒,雕完要清洗。

六、实训方法

教师指导示范—学生动手实践。

七、考核办法

1. 水仙花雕刻:熟练使用雕刻刀进行雕刻,雕刻面平整、光滑、不碰伤花苞。
2. 水仙花造型养护:能根据不同的造型进行适当的栽培养护,养护后的水仙花与叶生长健壮,有一定矮化。

八、实训报告

将实习过程记录并整理成实训报告。

训练十五　水仙花造型

一、实训目标

1. 了解水仙花的造型的基本类型。
2. 掌握 2 种以上的水仙花造型方法。

二、实训原理

水仙造型是根据鳞茎不同形状,加上作者意图,雕琢布局,再通过弯曲叶片、处理为动物的头和尾部、装上透明玻璃纽扣做眼睛等手法,将水仙花塑造成所命名的各种生动形象的造型。

(一)几种常见的造型

1. 花篮("花篮献瑞"、"喜庆花篮"、"花篮献寿"、"迎宾花篮"):欲作花篮柄的两个侧球部根雕刻,造型时把两个侧球叶固定成柱状达一定高度,然后用红绸条在顶部固定,打成漂亮蝴蝶结;如两个侧球都有花,让其伸向左右两侧,更是锦上添花。

2. 花壶("玉壶春色"、"玉壶生津"、"茶壶飘香"、"玉壶真情"或"玉壶春"):造型时将一侧小球的叶片剪掉,处理为茶壶的冲口;将另一侧小球长出的叶片弯成一个圆,用竹签和主球鳞片插接在一起,即成壶提(壶把)。

3. 公鸡("金鸡报晓"、"雄鸡司晨"、"玉鸡迎春"):将两侧茎的叶处理为鸡头和尾巴。头部长高的叶片上下扎缚,中间嵌入有色纽扣当眼睛,头部上下用红布剪作鸡冠及下垂。

4. 金鱼("金鱼嬉水"、"金鱼漫游"):花梗削去一小片,以促其长成弯曲、互抱的形状,作为鱼身。然后,削去小球 1/4 的边缘,这样长出来的叶子弯曲不大,正好作为鱼尾。待成型后,再在母球两边叶片旋弯处装上透明玻璃纽扣做鱼眼,金鱼水仙便诞生了。

5. 大象("玉象驮宝"、"大象献花"、"玉象荣归"):当花开时,母球后壁作为象身,小球茎上长出来的叶子如同象鼻,再点缀一下眼、牙、耳,象形水仙即成。

6. 鸳鸯("鸳鸯戏水"、"深情鸳鸯"、"溪边鸳鸯戏春水"):主球两侧各有一个小花球(侧芽,一大一小最好,大的做鸳鸯头,小的做鸳鸯尾)。花芽可安排各半向两侧生长,作为翅膀,鸳鸯头部的小花球可不必加工,让其自然生长,叶片长得较长后,再进行加工。作为鸳鸯头部长高的叶片,可上下扎缚,中间嵌入有色纽扣当眼睛,并用剪刀将多余部分剪掉,作为嘴巴。体形小、尾巴长的为雄性;体形大、尾巴短的为雌性。以浅圆盆,配上葫芦竹或观音竹、石头,一对脉脉含情的鸳鸯正在窃窃私语。

(二)拼凑造型技艺

用多颗水仙球茎精心拼凑成特定的造型。先用支撑物制造成固定形状,再将水仙的花、叶、鳞片和球茎等用铁丝串联,并固定于支撑物上进行花、叶造型雕刻。

(三)拼景构图技艺

用数粒或几十粒甚至上百粒品种不同、花形一致的鳞茎经雕刻培育,逐个固定在预先设计好的图案架上,可拼接成各种大型的艺术造型,如"水仙花塔"、"奔马"、"青龙戏珠"等。此法造型新颖,立体感强,气势磅礴,馨香四溢,适宜花展、公共场所摆设。

(四)选盆

对盆具的质地要求不严,瓷、陶、玻璃、塑料等制品均不拘。但某些着重表现水仙洁白无瑕须根的造型如"寿比南山"、"春水长流"等长须根型的水仙盆景则需用透明的玻璃或塑料制品。一些优雅别致的花株选配用海螺或贝壳制成的盆具,更显得趣味横生,别具一格。常规的盆型有浅盆、高筒、樽、钵等四种,每一种又有方、圆、菱、角、椭圆、长方之分,选择适应灵活掌握。盆色的选择也要讲究。由于水仙素淡幽雅,故一般选择色浅的盆具,以求与水仙的色调和谐,如白、淡黄、浅蓝、浅绿、粉红等颜色。个别的水仙盆景造型则宜选择与花色对比较强烈的深色盆,如"玉壶生津",选择盆色较暗的紫砂盆或朱砂盆,更能衬托出晶莹透彻的壶状鳞茎,加深"望壶生津"的意境。盆的大小应力求贴身得体,使景与盆恰如其分。某些盆景需要有较大的空间造型,则另当别论,如"倚石水仙"、"金鱼漫游"等造型,选用较宽阔的浅蓝色浅盆,更能显现盆景的山川野趣,增添自然气息,深化意境。若在盆中灵活布置一些卵石、雨花石、方解石、贝壳等与水有关联的陪衬物,不但可固定花株,而且使水仙雪白的须根穿插其中,若隐若现,使水仙盆景更富有诗情画意,更耐人寻味。

三、实训方法

教师指导示范—学生动手实践。

四、实训要求

根据水仙花造型所采用的技巧和材料、作品是否逼真、作品是否有创意等因素进行综合评分。

五、实训报告

将实习过程记录并整理成实训报告。

训练十六　举办水仙花雕刻艺术展

一、实训目标

1. 熟悉布展的基本程序。
2. 学会举办水仙花雕刻艺术展。
3. 在举办水仙花雕刻艺术展的同时进行展卖。

二、布展的基本程序

项目:××系第×届水仙花雕刻艺术展

主办单位:××××

展览组织机构:××××

为了组织、协调、动员、指导、督促好本届水仙花雕刻艺术展的工作,成立××系第××届水仙花雕刻艺术展组委会。

主　任:××

副主任:××

成　员:××专业学生

组委会下设三个工作组,负责水仙花雕刻艺术展布展期间组织协调等各项工作。各工作组组成及具体任务如下:

1. 联络组:负责展出前、展出期间布展联络等工作。

责任人:×××

联系电话:×××(×××××××××××)

2. 布展组:负责全部展出方案制定实施等相关工作。

责任人:×××

联系电话:×××(×××××××××××)

3. 宣传文化活动组:负责布展期间的海报宣传、报道和文化活动工作。

责任人:×××

联系电话:×××(×××××××××××)

三、布展及展览时间

1. 布展时间:××月××日—××月××日
2. 展出时间:××月××日—××月××日

四、评分标准

1. 技能操作:雕刻技术 20％＋养护技术 20％＋造型技术 20％。
2. 作品:雕刻造型作品 40％。

五、奖级设置

设置一、二、三等奖,具体奖级及数量将根据展出实际由组委会确定。

训练十七 盆景园的调查

一、实训目标

通过对当地盆景园的调查实习,掌握盆景使用的材料,了解盆景的风格类型。此外,通过此次实习要学会调查报告的写作规范与要求。

二、实训要求

不能走马观花,要仔细品味。在教师讲解、师傅传授的前提下,要耳闻目睹,边听边看,认真识别树种的类别,入微观察。有照相机的同学最好把自己认为要拍摄的内容照下来。对盆景的大、中、小尺寸要用尺子或手掌测量一下。

三、实训内容

1. 盆景树种调查

表 4-3 盆景树种调查

序号	名称	科名	拉丁学名	常见造型

2. 盆景类型
(1)通过盆景的类、型、式对盆景风格类型进行分析。
(2)按观花、观果、观叶、观根、观干顺序整理。

3. 盆景的型号

分特大、大、中、小、微型。

四、思考与练习

1. 对如何发展所在地的盆景提出设想。
2. 对盆景园发表独特的见解或提出建议。

五、实训报告

调查 30 种常见盆景树种,进行拍照并完成"盆景树种调查表"。

训练十八　盆景材料识别及风格认识

一、实训目标

通过本实训的学习,认识常见的适宜制作盆景的植物和常见用于制作山水盆景的石料;掌握这些材料的特点,能辨别盆景风格类型;掌握五大流派的典型特征,为制作盆景奠定基础。

二、实训原理

采取参观盆景园或观看相关影像资料等手段。

三、实训准备

当地常用作盆景的植物材料和山石材料,具有五大流派典型特征的盆景或盆景影像资料。

四、实训要求

采用集中现场讲解形式。

1. 老师讲解、指导,学生认识盆景植物。
2. 老师讲解、指导,学生分辨认识常用的山石石料。
3. 老师讲解各流派盆景特征,学生分辨认识各流派盆景。

五、实训内容

(一)盆景材料

1. 常用适宜制作盆景的植物材料

(1)松柏类：日本五针松、黄山松、锦松、罗汉松、水杉、桧柏、铺地柏、绒柏、柏木、红豆杉等。

(2)观叶类：山角枫、红枫、黄杨、雀梅、朴树、九里香、福建茶、银杏、冬青、凤尾竹、佛肚竹、紫竹、榕树、柽柳、小叶女贞、黄荆、棕竹、苏铁等。

(3)花果类：山茶、金雀、贴梗海棠、梅、碧桃、紫薇、西府海棠、迎春、桂花、杜鹃、石榴、六月雪、火棘、南天竹、金桂、枸骨、金弹子、胡颓子等。

(4)藤本类：凌霄、常春藤、紫藤、忍冬等。

2. 制作山水盆景的石料

盆景石料可分为软质与硬质两大类。软质石料包括砂积石、芦管石、浮石、海母石等。硬石石料有英德石、斧劈石、木化石、钟乳石、龟纹石、汤泉石等等。

(二)盆景的流派及风格

1. 树桩盆景的流派及风格

盆景风格各异，流派众多。目前，我国盆景的主要流派有岭南派、扬派、苏派、川派、海派、浙派、徽派、通派。

(1)岭南派：指广东、广西、福建一带的盆景。代表人物有孔泰初、陆学明等。常用树种有榕树、椰榆、九里香、福建茶等。技法上采取蓄枝截干，艺术风格是苍劲自然，飘逸豪放。

(2)扬派：指江苏扬州、泰州等地的盆景。代表人物是万觐堂、王寿山。常用树种是松、柏、榆、黄杨等。造型特点是云片，寸枝三弯。采用棕丝蟠扎，精扎细剪。具有严整壮观的艺术风格。

(3)苏派：指苏州、无锡、常熟等地的盆景。代表人物是周瘦娟、朱子安。常用树种有雀梅、椰榆、梅花、石榴等。造型特点是圆片，采用棕丝蟠扎，粗扎细剪。艺术风格是清秀古雅。

(4)川派：指成都、重庆、灌县等地的盆景。代表人物是李宗玉、冯灌父、陈思莆等。常用树种有金弹子、六月雪、贴梗海棠、银杏等。以规则型为主，讲究身法（树干造型），也采用棕丝蟠扎。艺术风格是虬曲多姿、典雅清秀。

(5)海派：指上海一带的盆景。代表人物有殷子敏、胡运骅。常以松柏类为主，造型特点是自然型和微型，采用金属丝蟠扎。艺术风格为明快流畅、精巧玲珑。

(6)浙派：指杭州、温州等地的盆景。代表人物是潘仲连、胡乐国等。以五针松为主。造型特点是高干型合栽式，技法上针叶树以扎为主，阔叶树以剪为主。艺术风格是刚劲自然。

(7)徽派：指安徽绩溪、休宁等地的盆景。代表人物是宋钟玲。多以梅为特色，以黄山松、桧柏为代表。造型特点是用棕皮树、筋等材料蟠扎，粗扎粗剪。代表树型有"游龙式"、"Z字形弯曲"等。造型雄厚、苍劲。

(8)通派：指江苏南通一带的盆景。代表人物为朱宝祥。常以罗汉松、桧柏等树种为主要材料。采用棕丝蟠扎，精扎细剪，枝叶扎成片状。造型特点是"两弯半式"。艺术风格庄严雄伟、层次分明。

除了上述主要流派以外，目前尚有许多地区的盆景已经形成或正在形成独特的艺术风格。

(9)湖北风格：以武汉市为中心，包括荆州、黄石、沙市等地的盆景。常用树种有白蜡、三角枫、榆树、水曲柳等。造型特点是制成"风吹式"，具有洒脱清新、飞扬的动势。

(10)河南风格：以郑州为中心，包括开封、洛阳等地的盆景。常用柽柳、黄荆、石榴等树种为素材。其造型有"垂枝式"、"朵云式"等多种。具有古朴、潇洒、刚柔相济的艺术特点和风格，以及对比的艺术效果。

(11)福建风格：包括福州、泉州、漳州、厦门等地的盆景在内。福建盆景受岭南派的影响比较大，同时也吸收了扬派和苏派盆景精华。常以榕树、福建茶、九里香为素材。在造型技法上以修剪为主，粗扎细剪而成。有悬崖式、悬根式和附石式等造型，具有朴拙自然、奇特豪放的艺术特点。

(12)北京风格：北京的盆景也有长足的发展。代表树种有鹅耳枥、元宝枫等。荆条盆景古朴，小菊盆景最富北京特色，讲究色、香、姿、韵，自然流畅。

(13)贵州风格：贵州盆景发展比较晚，但近年发展势头大。贵州树木盆景以本地产的火棘、匍子最有特色。其造型朴实自然，富于野味。

2. 山水盆景的风格

由于各地山川地貌、自然环境、山石资源、民俗风情、文化修养、艺术基础及欣赏水平的不同，所以中国各地山水盆景的意境构思、造型手法就各有异同。总的来说，南、北方山水盆景形成鲜明的风格特点。南方山水盆景表现秀丽的江南风光、名山胜景，以秀丽精巧取胜；而北方山水盆景则表现辽阔壮丽的北国山河、奇峰峭壁，以雄伟、浑厚见长。

(1)上海风格：以江南风光、皖浙名山为题材。常用斧劈石、英德石、砂积石、海母石等为材料。其布局为平远式、高远式，以小叶常绿树、五针松、虎刺点缀，具有气势磅礴、精巧玲珑等艺术风格。

(2)江苏风格：题材广泛，以表现山水、园林风光。石料除本地产的斧劈石外，还采用浙江、山东产的砂积石、芦管石、石笋石，以及广东、四川产的英德石、砂片石等。布局多为偏重式、开合式，点缀植物有瓜子黄杨、六月雪、金雀等，具有气势磅礴、动感强烈的艺术风格。

(3)四川风格：题材以表现巴蜀秀丽的山水。石料多选用当地产的砂片石、龟纹石、芦管石和砂积石。布局以高远式与平远式最多，注重铺苔、布树，具有幽、秀、险、雄等艺术风格。

(4)湖北风格：以长江两岸、自然景观为题材。石料多选用芦管石和黄石等。布局为重叠式等，具有景色秀丽、雄浑壮观的艺术特点。

(5)广西风格：广西山水盆景受当地的自然山水风光影响比较大，以南宁、桂林山水为主。石料多采用钟乳石、石笋石等。布局多模仿真山真水，姿态自然，具有清、通、险、阔的艺术风格。

(6)广东风格：题材多临摹南国风光、自然景色。石料以英德石、海母石为主，常借鉴假山堆叠的艺术手法，其间点缀"山公仔"配件，具有姿态多样、气势宏大等艺术风格。

(7)福建风格：题材多表现武夷山水。石料以海母石为主。讲究雕凿和透、漏、瘦、皱，具有清秀淡雅、气势雄伟的艺术风格。

(8)沈阳风格:多表现气势宏伟的北国风光。石料为木化石、江浮石等。布局多用偏重式、开合式等,常栽植松柏类植物,具有气势宏伟的艺术风格,颇具画意。

(9)山东风格:题材多表现北国山河的风光。以崂山绿石、斧劈石为石料。布局不拘一格,具有雄伟奇特的艺术风格。

六、思考与练习

1. 制作树桩盆景的植物材料应具备哪些条件?主要有哪些?
2. 软质石料与硬质石料各有何特点?软质石料有哪些?硬质石料有哪些?
3. 盆景的五大流派是指的哪些盆景流派?它们的造型特点及艺术风格怎样?

七、实训报告

1. 简述盆景的材料、盆景的流派与风格等知识点。
2. 实训中认真作好记录。
3. 完成实训报告。

训练十九 桩景修剪基本功训练

一、实训目标

通过对盆景修剪的练习,加深对修剪造型法及其修剪反应规律的理解,加深对岭南派"蓄枝截干"和苏派"粗扎细剪"的印象,更好地掌握盆景修剪的方法。

二、实训准备

枝剪、盆景。

三、实训内容

1. 摘心、摘叶;
2. 截(短截、中截、重截);
3. 疏;
4. 缩(截干蓄枝);
5. 伤;
6. 调。

四、思考与练习

1. 解释各种修剪反应。

2. 结合理论，谈谈自己修剪的造型有何不足之处。

训练二十　桩景蟠扎基本训练

一、实训目标

基本掌握棕丝蟠扎技巧和铁丝蟠扎技巧，熟悉铁丝型号和力学性能，了解棕丝蟠扎技巧和铁丝蟠扎的功能。

二、实训准备

1. 材料：铁丝 18♯、20♯；枝条；盆景。

2. 用具：尖嘴钳（3～5 人一把）；剪刀（3～5 人一把）；棕绳。

三、实训内容

1. 教师演示铁丝蟠扎造型。

(1)单丝蟠扎(内容包括主枝的固定)。

①退火；

②选取铁丝，截取长度为主干高度的 1.5 倍为宜；

③铁丝固定；

④铁丝缠绕：角度——45°；方向——右旋转作弯时，顺时针方向缠绕，左旋转作弯时，逆时针方向缠绕；

⑤拿弯。

(2)双丝蟠扎。

2. 教师演示棕丝蟠扎造型。

(1)底棕法；

(2)扬棕法；

(3)挥棕法；

(4)靠棕法。

3. 学生进行棕丝蟠扎和铁丝蟠扎练习。

四、思考与练习

1. 用棕丝蟠扎和用铁丝各有何优缺点。
2. 铁丝在蟠扎过程中应注意哪些问题?

训练二十一　盆景挖桩、上盆

一、实训目标

了解盆景植物的材料来源,掌握盆景挖桩的基本技巧及树桩根部和上部的修剪技巧,掌握盆景的上盆技术。

二、实训准备

铲子、桶、枝剪、塑料袋、锄头、锯子等。

三、实训内容

1. 示范挖桩方法,并解释原理;
2. 学生寻找树桩并根据教师的示范进行挖桩。

四、思考与练习

1. 谈谈盆景植物材料的来源有哪几种以及它们各有何特点。
2. 谈谈挖桩时如何进行根部处理。

训练二十二　盆景翻盆、换盆

一、实训目标

通过本次实验,了解盆景翻盆的时间和意义,掌握盆景翻盆的基本技巧。

二、实训准备

1. 材料：盆土、盆景。
2. 工具：盆器、枝剪、锯子、瓦片、铁丝网、小铲子、锄头。

三、实训内容

1. 扣盆、取桩。
2. 选盆：根据根系布满盆器底部的情况，考虑是否要换盆，如根系密布盘底，则需换稍大一号的盆器。
3. 修根：选用江浙盆景配土方式。
4. 上盆：放瓦片→放入粗粒土→放置树桩→边上土边捣实→铺苔藓→浇透水。

四、思考与练习

1. 上盆时应注意哪些问题？
2. 盆景根系应如何进行修剪？

训练二十三　盆景浇水、施肥等管理技术

一、实训目标

了解盆景浇水、施肥等基本原理；掌握盆景浇水、施肥等具体的养护管理方法。

二、实训准备

1. 材料：盆景、肥料。
2. 用具：枝剪、喷水壶等。

三、实训内容

1. 浇水
(1)喷洒法；
(2)浸盆法；
(3)灌水法；

（4）滴灌法；

（5）虹吸法。

2. 施肥

根部施肥和叶面施肥。

四、思考与练习

1. 谈谈盆景浇水的原则及注意事项。

2. 谈谈盆景施肥的注意事项。

训练二十四 盆景的制作(初步创作)

一、实训目标

通过本实验的学习，了解野外采掘树桩常识，掌握野外采掘树桩的方法和步骤；掌握盆景制作的过程和综合运用造型技法；掌握山水盆景制作的步骤和方法。

二、实训方法

该实训为设计性实训，学生在实训前应充分了解实训所涉及的原理、内容，根据实训步骤，自行设计实训方案并加以实施。

三、实训准备

盆、枝剪、铅丝、锯、钢丝钳、绳子等。

四、实训要求

采用以学生自主训练为主的开放模式组织教学。实验结束后集中所有学生的盆景作品，盆景作品的欣赏品评以教师引导、学生相互评价作品为主。

五、实训步骤

(一)树木盆景的制作

1. 根据要求或野外采掘的植物材料立意，设计树型，画出草图。

2. 根据造型要求,综合运用造型方法,或剪或扎或雕或提进行造型。

3. 根据立意和设计图,进行植株配植、上盆点缀并命名。

4. 最后进行常规的肥水等方面的管理。

(二)山水盆景的制作

1. 根据要求立意选用石料,或者在现有的石料基础上立意,并画出草图。

2. 根据构图要求,对石料进行锯截、雕琢,将山石组合好后进行布局、胶合并上盆。

3. 最后在山石上配植植物或点缀其他配件并命名。

六、思考与练习

1. 桩景创作的基本技艺有哪些?

2. 山水盆景制作技艺有哪些?

3. 树桩盆景的养护管理措施有哪些?

4. 山水盆景养护管理要点是什么?

七、实训报告

1. 简述该实训所涉及的知识点。以小组为单位,事先自行设计实训方案。

2. 实训中按实验方案进行创作,如实作好记录。

3. 完成实训报告。

第五部分

现代花卉栽培新技术(一)
——无土栽培篇

训练一 花卉的无土栽培

一、实训目标

了解无土栽培的基本方法、营养液的配制、适合无土栽培的花卉以及无土栽培所需的基本设施。

二、实训原理

根据不同花卉植物的生物学特性要求,选择适宜的基质和配比,配制合适的营养液进行栽培管理。

三、实训准备

1. 植物材料:盆栽一串红(Salvia splendens)。

2. 药品:硝酸钾(KNO_3)、硝酸钙($Ca(NO_3)_2$)、过磷酸钙($Ca(H_2PO_4)_2 \cdot H_2O$)、硫酸镁($MgSO_4$)、硫酸铁($Fe_2(SO_4)_3$)、硼酸(H_3BO_3)、硫酸锰($MnSO_4$)、硫酸锌($ZnSO_4$)、钼酸铵($(NH_4)_6MO_7O_{24} \cdot 4H_2O$)、1 mol/L 盐酸($HCl$)、1 mol/L 氢氧化钠($NaOH$)。

3. 用具:塑料盆、天平、容量瓶、蒸馏水、蛭石基质等。

四、实训步骤

(一)营养液的配制(汉普营养液配制)

1. 大量元素 10 倍母液的配制

称取硝酸钾 7 g、硝酸钙 7 g、过磷酸钙 8 g、硫酸镁 2.8 g、硫酸铁 1.2 g,顺次溶解至 1 L。

2. 微量元素 100 倍母液的配制

称取硼酸 0.06 g、硫酸锰 0.06 g、硫酸锌 0.06 g、硫酸铜 0.06 g、钼酸铵 0.06 g,依次溶解后定容至 1 L。

3. 母液稀释

将大量元素母液稀释 5 倍,微量元素母液稀释 50 倍后等体积混后,用 1 mol/L HCl 或 1 mol/L NaOH 调节 pH 值至 6.0~6.5。

(二)基质的准备

将蛭石放在高压灭菌锅中按灭菌操作程序灭菌后,自然冷却备用。

(三)基质栽培

1. 脱盆洗根:将盆倒扣,用手顶住排水孔,将植株连同培养土一起倒出,然后放入水池中浸泡,使培养土从根际自然散开,洗净根系。

2. 浸根吸养:将根系土壤洗净后,放入稀释好的营养液中,进行缓冲吸养培养。

3. 基质填充:消好毒的蛭石填入塑料盆后,将一串红植株种植于其中,蛭石最后填充高度至离盆面 2~3 cm。

4. 营养液灌注:蛭石充填压实后将营养液均匀地浇透基质。

5. 根系加固:在基质表面放石粒或其他材料稳固植株。

6. 日常养护管理:定期地向盆中倾注营养液。

五、注意事项

1. 营养液初植时营养浓度应减半,恢复生长后正常浇灌。

2. 基质填充中,消好毒的蛭石填入塑料盆后,将一串红植株种植于其中,注意尽量避免窝根。

六、思考与作业

1. 观察并记录无土栽培实验结果。

2. 与常规栽培相比,无土栽培有什么优缺点? 有哪些花卉适于无土栽培? 其发展前景如何?

训练二 无土育苗技术

一、实训目标

了解常用无土育苗的设施与方法,利用花卉学、园林苗圃学已学过的知识,根据自己选择的育苗容器、育苗基质、营养液的供应方式、植物种类,选用不同的育苗方法。

二、实训准备

1. 基质:珍珠岩、营养土、河砂、锯末、蛭石、泥炭等。

2. 容器:育苗穴盘、塑料钵或自选。

3. 复合肥、有机肥。

4. 消毒剂:40%的甲醛溶液 100 倍液、高锰酸钾溶液。

5. 番茄或黄瓜种子,扦插植物材料。

6. 镊子、塑料薄膜(塑料袋)、枝剪。

7. 植物激素的配制(ABT 生根粉、IAA、IBA、NAA、2,4-D 等):

(1)粉剂:先将激素溶于 95%的酒精中,浓度为 500～2000 mg/kg,然后再调在滑石粉内,充分搅拌,摊在瓷盘上,阴干后磨成极细的粉末即可。

(2)药液:浓度分别为 5～10 mg/L, 50～200 mg/L, 4 000～10 000 mg/L。

三、实训步骤

1. 基质的消毒

40%的甲醛溶液 100 倍液、0.1%～0.3%的高锰酸钾溶液覆盖处理 1～2 d 后,将基质摊开挥发到没有气味方可使用(4～5 d)。或每周喷稀释 500 倍的代森锰锌等杀菌剂。

2. 基质的配制

将复合肥以 0.25%的比例兑水加入消毒后的基质中。

3. 基质的填装

将基质均匀地装入育苗穴盘、塑料钵或自选的容器中,基质面比盘沿低约 1 cm。

4. 播种

(1)种子消毒:40%的甲醛溶液 100 倍液、1%的高锰酸钾溶液处理 10～15 min。

(2)催芽:先用温水(<40 ℃)浸种,待种子吸胀后平铺在湿的纱布上,上面盖湿布或几层湿纱布,25～30 ℃下催芽,每天用温水冲洗 1～2 次,等种子裂嘴后即可。对一些难发芽的种子(梅、荷花等),可用机械摩擦或用硫酸浸泡,等种皮变软时立刻用水冲洗干净即可。

(3)将种子用镊子小心放入容器中,以埋入基质不见种子为好,播好后及时浇水,必要时盖上塑料薄膜。

5. 扦插

(1)插条选择:春季可用硬枝扦插。选一或二年生枝条的中段,芽饱满,剪成 10～15 cm 长;5～9 月用软枝扦插,选当年生生长健壮的枝条,剪成 6～10 cm 长,带 2～3 个芽的插条。

(2)插条处理:插条基部蘸粉剂后插入基质。也可用药剂浸泡,草本 5～10 mg/L,12 h;木本 50～200 mg/L,24 h;4 000～10 000 mg/L,1～2 s。浸泡后插入基质,深度约为插穗的 1/3～1/2。插好后及时以喷雾法浇水,必要时盖上塑料薄膜。

6. 管理

光照、温度、水分、空气湿度等的调控。

四、实验报告

写出实验报告,详细记录育苗的整个过程,提出发现的问题和需要注意的事项。

训练三　花卉水培技术

一、实训目标

水培花卉是通过实施具有独创性的工厂化现代生物改良技术,使原先适应陆生环境生长的花卉通过短期科学驯化、改良、培育,快速适应水生环境生长。它们以形态美观、趣味横生而受到现代人们的喜爱。

要求掌握花卉的无土栽培技术的基本原理,重点掌握营养液配置与管理;花卉有土转无土栽培技术。

二、材料用具

1. 材料:适宜水培的花卉材料、营养液、蒸馏水、塑料容器。
2. 仪器:天平、电子分析天平。
3. 用具:烧杯、量筒、容量瓶。
4. 药品:硝酸钙($Ca(NO_3)_2$)、硫酸亚铁($FeSO_4$)、硫酸镁($MgSO_4$)、磷酸二氢铵($NH_4H_2PO_4$)、硝酸钾(KNO_3)、硼酸(H_3BO_3)、硫酸锰($MnSO_4$)、硫酸铜($CuSO_4$)、硫酸锌($ZnSO_4$)。

三、实训步骤

(一)常用营养液的配制

1. 莫拉德营养液配方

A 液:硝酸钙 125 g、硫酸亚铁 12 g。以上加入到 1 kg 水中。

B 液:硫酸镁 37 g;磷酸二氢铵 28 g;硝酸钾 41 g;硼酸 0.6 g;硫酸锰 0.4 g;硫酸铜 0.004 g;硫酸锌 0.004 g。以上加入到 1 kg 水中。

2. 营养液的配制过程

(1)分别称取各种肥料,置于干净容器或塑料薄膜袋,以及平摊地面的塑料薄膜袋上待用。

(2)混合和溶解肥料时,要严格注意顺序,要把 Ca^{2+} 和 SO_4^{2-}、PO_4^{3-} 分开,即硝酸钙不能与硝酸钾以外的几种肥料如硫酸镁等硫酸盐类、磷酸二氢铵等混合,以免产生钙的沉淀。

(3)A罐肥料溶解顺序,先用温水溶解硫酸亚铁,然后溶解硝酸钙,边加水边搅拌直至溶解均匀;B罐先溶硫酸镁,然后依次加入磷酸二氢铵和硝酸钾,加水搅拌至完全溶解,硼酸以温水溶解后加入,然后分别加入其余的微量元素肥料。A、B两种液体罐均分别搅匀后备用。

(4)使用营养液时,先取A罐母液10 mL溶于1 kg水中,再在此1 kg水中加入B罐母液,即可使用。

3. 调整营养液的酸碱度

营养液的酸碱度直接影响营养液中养分存在的状态、转化和有效性。如磷酸盐在碱性时易发生沉淀,影响利用;锰、铁等在碱性溶液中由于溶解度降低也会发生缺乏症。所以营养液中酸碱度(即pH值)的调整是不可忽略的。

pH值的测定可采用混合指示剂比色法,根据指示剂在不同pH值的营养液中显示不同颜色的特性,以确定营养液的pH值。营养液一般用井水或自来水配制。如果水源的pH值为中性或微碱性,则配制成的营养液pH值与水源相近,如果不符要进行调整。在调整pH值时,应先把强酸、强碱加水稀释,营养液偏碱时多用磷酸或硫酸来中和,偏酸时用氢氧化钠来中和,然后逐滴加入到营养液中,同时不断用pH试纸测定,至中性为止。

(二)花卉有土转无土栽培技术

1. 大苗定植

(1)脱盆:用手轻敲花盆的四周,待土松动后可将整株植物从盆中脱出。去土,先用手轻轻把过多的泥土去除(可以用水直接冲洗干净为止)。

(2)水洗:将粘在根上的泥土或基质用水冲洗。

(3)剪定植篮:如果植株头部太大,而定植篮的孔径太小则需将定植篮的孔加大,方便种植。

(4)加营养液:将配制好的营养液加入容器。

(5)大苗定植:将植物的根系从定植篮中插入,小心伤根。用海绵、麻石或雨花石固定(其他固物也可以)。最后检查成品是否固定好。

2. 小苗定植

小苗定植相对于大苗定植简易得多,主要步骤如下:

(1)小苗洗根:小苗一般不超过8 cm。将小苗从盆中直接取出,根系在水中清洗一下,注意不可伤根。

(2)小苗定植:将根系从定植篮孔中直接插入,用石头固定即可。

(三)移植花卉的要点

水培花卉一定要控制好水位,宜低不宜高。根在水中即可,甚至可以更少一些(保持一个月的适应期,以后再增加水量)。在水培过程中,当花卉叶尖出现水珠,需要适当降低水位,并且开始时要避免阳光直射。

四、思考与作业

1. 总结盆栽花卉有土转无土栽培中的注意问题。
2. 完成一份实训报告。

训练四　深液流水培技术

一、实训目标

深液流水培技术是最早成功应用于商业化生产的无土栽培技术。通过实地操作、测量，了解常用的深液流水培设施的组成、结构及管理技术的要点。

二、实训准备

1. 材料：已育好待移植的植物幼苗、栽培基质、已配制好的营养液。
2. 用具：泡沫箱、泡沫板、直尺、定植杯。

三、实训步骤

1. 了解深液流水培设施关键部件的工作原理及使用方法。以此为依据，用泡沫箱、泡沫板等材料自制一个深液流水培装置。
2. 移苗。将已育好的植物幼苗移植到定植杯中，用栽培基质固定。
3. 在水培驯化床上驯化寄养。以水培驯化床作为过渡槽，把刚移入幼苗的定植杯排列其中，放入营养液，以稍浸没定植杯底部为好。
4. 定植。当植株有部分根系长到定植杯外时即可正式定植到自制的深液流水培装置上。
5. 营养液的管理。刚定植后，应保持液面浸没定植杯底约 $1\sim2$ cm，随着根系大量伸出杯外，应调低液面使之离开杯底。并根据根系生长情况调节液面高度。
6. 详细记录在种植过程中植株的生长、病虫害的发生、营养液酸碱度和浓度的变化、水分消耗及大棚中温度、湿度等的变化。

四、实训报告

1. 详细记录水培设施的制作过程、制作原理及植物整个栽培过程的管理技术要点。
2. 完成记录表。

表 5-1　深液流水培管理记录表

日期	设施内		营养液		植物生长情况	处理措施	备注
	温度	湿度	EC	pH			

训练五　有机基质培技术

一、实训目标

有机基质培技术是利用消毒的有机基质加上人工滴灌清水的方法,简单易行,省去了营养液配制的繁琐,在农村地区更易推广与普及。通过具体操作,了解和掌握有机基质培的设施组成、工作原理及管理技术的要点。

二、实训准备

1. 材料:已育好待移植的植物幼苗、栽培基质。
2. 用具:泡沫箱、泡沫板、直尺、定植杯、简易的滴灌设备。

三、实训步骤

1. 了解深液流水培设施关键部件的工作原理及使用方法。以此为依据,用泡沫箱、泡沫板等材料自制种植槽。
2. 把有机基质按比例充分混匀,要用的基质应消毒。
3. 把基质填入种植槽中,基质厚约 12～15 cm。
4. 移苗。将已育好的植物幼苗移植到种植槽中,接好滴灌设备。
5. 管理。控制滴灌速度,以槽底刚湿不漏为准。必要时施加些速效肥。
6. 详细记录在种植过程中植株的生长、病虫害的发生及大棚中温度、湿度等的变化。

四、思考与练习

1. 详细记录有机基质培设施的制作过程、制作原理及植物整个栽培过程的管理技术要点。

2. 谈谈有机基质培的优、缺点及如何改进。

训练六　花卉的无土驯化

一、实训目标

无土驯化的目的是诱导根系适应无土栽培的过程。这对于有些花卉从原来的有土条件下生长转化为无土栽培是十分必要的。通过对花卉根系的修剪、适应性诱导驯化,促使根系发出新的发达的侧根和须状根。

二、实训准备

土培花卉、固体基质、消毒剂、花盆。

三、实训步骤

1. 驯化基质的配制与消毒。

2. 花卉的处理。根据根系木质化程度,对根系进行适当的修剪,尽量将粗壮和木质化程度较高,较长的老根、死根、烂根等修剪掉,以期发出新的须根。

3. 栽种。栽种方法与固体基质培相似,根系要尽量呈放射状舒展。

4. 驯化。把栽种的花卉连同花盆缓缓浸入水桶中,使基质吸足水分,取出后整齐放在无土驯化床中。

5. 管理。前期需要适当的遮阳,每天喷洒 1 次水,15 d 后可酌情减少浇水次数,也可用 10% 的稀释营养液进行叶面喷雾施肥。同时要注意病虫害防治。

四、实训要求

完成实训报告,详细记录植物无土驯化过程的管理技术要点。

第六部分

现代花卉栽培新技术(二)
——植物组织培养篇

训练一　植物组织培养实验室的卫生与灭菌

一、实训目标

掌握常规的组培室灭菌方法,熟悉灭菌药剂;培养良好的卫生观念,建立组织培养的无菌意识。

二、实训准备

甲醛、高锰酸钾($KMnO_4$)、70%的酒精、纱布、扫帚、拖把、喷雾器、水桶等。

三、实训步骤

1. 打扫卫生。

2. 无菌室和培养室的灭菌,用甲醛、高锰酸钾提前1～3 d熏蒸密封房间,每学期熏蒸1次(老师作示范操作)。

方法1:甲醛倒入蒸发皿加热,用量10 mL/m^3。

方法2:甲醛(HCHO)与高锰酸钾($KMnO_4$)以2∶1的比例混合。

(1)配方:每立方米空间用甲醛10 mL加高锰酸钾5 g的配比液进行熏蒸。

(2)方法:密封实验室,将称好的高锰酸钾放入容器内,再缓慢倒入已称量好的甲醛溶液,完毕,人迅速离开,关上门,密封1～3 d。

注意事项:①操作前要戴好口罩等防护用具;②倒入甲醛时要小心,因为甲醛遇到高锰酸钾会迅速沸腾,并产生大量烟雾,操作时人要迅速避开烟雾;③消毒时间到后,开启房间,做好地面卫生。

3. 在已经熏蒸的房间里,将70%的酒精喷到纱布上擦洗培养架、玻璃台面及工作台。

4. 用紫外灯照射 20~30 min。

5. 使用前再用 70％的酒精喷雾，使空间中灰尘落下。

四、实训要求

1. 将本次实训内容整理成实训报告。

2. 安排值日生表，每周整理一次。

3. 学期结束进行熏蒸。

训练二　实验室基本设备的使用

一、实训目标

掌握组织培养实验室的规划与布局、常用仪器设备的使用方法。

二、实训准备

高压灭菌锅、超净工作台、烘干箱、电炉、蒸馏水器等。

三、实训步骤

1. 由指导教师集中介绍组织培养实验室守则及有关注意事项。

2. 指导教师讲解组培实验室的构建情况，包括各实验室的设计要求，内部仪器设备的名称及作用；准备室内的各种仪器设备和用具器皿的名称与用途。

四、思考与练习

1. 将本次实训内容整理成实训报告。

2. 每人构思一个植物组织培养实验室的构建方案或对现有实验室提出合理性的建议或整改方案。

训练三 常用仪器、必要器皿的使用、洗涤

一、实训目标

了解并掌握植物组织培养必需的仪器、玻璃器皿的使用、洗涤方法,能熟练运用药物天平、分析天平、移液管、容量瓶等相关用具和仪器。

二、实训准备

1. 常用仪器:药物天平(精密度 1/10);分析天平(精密度 1/10 000)。
2. 必要的用具及材料:试剂瓶、烧杯(100 mL)、吸球、洗瓶、玻棒、量筒(100 mL)、容量瓶(100 mL)、移液管、蔗糖。

三、实训步骤

1. 玻璃器皿的洗涤。
2. 药物天平、分析天平使用方法的练习。学会用两种天平定量称取药品及对物体重量进行称量。
3. 把称取的蔗糖溶解后,用容量瓶定容至 100 mL。
4. 练习用刻度移液管吸取规定量的溶液。

四、实训要求

1. 当场进行技能测验。
(1)会准确选择所需的移液管。
(2)会正确使用刻度移液管。
2. 将本次实训内容整理成实训报告。

训练四　几种常用药剂的配制

一、实训目标

学会几种常用药剂的配制方法。

二、实训准备

95％的酒精、次氯酸钠（NaClO）、氯化汞（HgCl$_2$）、氢氧化钠（NaOH）、盐酸（HCl）、蒸馏水、天平、量筒（1 L）、烧杯（100 mL，50 mL 各 2 个）、容量瓶（100 mL，50 mL 各 2 个）、移液管（0.1 mL、2 mL、5 mL 各 1 根）、试剂瓶（1 000 mL，白色及棕色各 1 个）、带滴管试剂瓶 2 个、玻棒、装酒精的塑料桶、标签、一次性手套等。

三、实训步骤

1. 学习用 95％的酒精配制 70％或 75％的酒精。

2. 消毒剂。

（1）2％次氯酸钠溶液：称取 2 g 次氯酸钠，用少许水溶解，定容至 100 mL。

（2）0.1％升汞（HgCl$_2$）溶液：称取 0.1 g HgCl$_2$用少许水溶解，定容至 100 mL。

（3）1 mol/L NaOH 配制：称取 NaOH 2 g，用少量溶解，定容至 50 mL。

（4）1 mol/L HCl 配制：量取质量分数为 38％，比重为 1.19 的 HCl 4.03 mL，加蒸馏水，定容至 50 mL。（具体配制时，应考虑原盐酸的浓度）

$$V = \frac{要求配制的浓度 \times 需配制的体积 \times 原酸分子量}{原酸的质量分数 \times 原酸的比重 \times 1000}$$

四、实训要求

1. 将本次实训内容整理成实训报告。

2. 每小组配制好药剂并标上标记。

训练五　MS培养基母液的配制与保存

一、实训目标

熟练使用分析天平等仪器称取所需药品并配制成母液,掌握配制与保存培养基母液的基本技能。

二、实训准备

配制MS培养基所需的药品、药物天平、分析天平、烧杯、定容瓶、量筒、标签、冰箱等。

三、实训步骤

1. MS母液的配制

母液是欲配制培养基的浓缩液,一般配成比所需浓度高10～100倍的溶液。

优点:①保证各物质成分的准确性。

②便于配置时快速移取。

③便于低温保藏。

(1)MS大量元素母液(10X)

称10 L量溶解在1 L蒸馏水中。配1 L培养基取母液100 mL。

①称量:用电子天平称取表6-1所示药品,分别放入烧杯。

②混合:用少量蒸馏水将药品分别溶解,然后依次混合。

③加蒸馏水定容至1000 mL,成10X液。

注意:钙盐要单独溶解后再缓慢加入,否则会产生沉淀,不易溶解。

表 6-1　MS大量元素母液所需药品

大量元素	化学药品	1 L量	10 L量
①	NH_4NO_3	1650 mg/L	16.5 g
②	KNO_3	1900 mg/L	19.0 g
③	$CaCl_2 \cdot 2H_2O$	440 mg/L	4.4 g
④	$MgSO_4 \cdot 7H_2O$	370 mg/L	3.7 g
⑤	KH_2PO_4	170 mg/L	1.7 g

(2)MS微量元素母液(100X)

称10 L量溶解在100 mL蒸馏水中。配1 L培养基取母液10 mL。

①称量:准确称取表6-2所列药品,分别放入烧杯。

②混合:用少量蒸馏水将药品分别溶解后混合。

③定容:加蒸馏水定容至100 mL,成100X液。

表 6-2   MS 微量元素母液所需药品

微量元素	化学药品	1 L 量	10 L 量
①	$MnSO_4 \cdot 4H_2O$ ($MnSO_4 \cdot H_2O$)	22.3 mg/L (21.4 mg/L)	223 mg (214 mg)
②	$ZnSO_4 \cdot 7H_2O$	8.6 mg/L	86 mg
③	$CoCl_2 \cdot 6H_2O$	0.025mg/L	0.25 mg
④	$CuSO_4 \cdot 5H_2O$	0.025 mg/L	0.25 mg
⑤	$Na_2MoO_4 \cdot 2H_2O$	0.25 mg/L	2.5 mg
⑥	KI	0.83 mg/L	8.3 mg
⑦	H_3BO_3	6.2 mg/L	62 mg

注意:$CoCl_2 \cdot 6H_2O$ 和 $CuSO_4 \cdot 5H_2O$ 可按10倍量(0.25 mg * 10＝2.5 mg)或100倍量(25 mg)称取后,定容于100 mL水中,每次取10 mL或1 mL(即含0.25 mg的量)加入到母液中。

(3)MS 铁盐母液(100X)

称10 L量溶解在100 mL蒸馏水中。配1 L培养基取母液10 mL。

①称量:用分析天平按表6-3称取 Na$_2$-EDTA、FeSO$_4 \cdot 7H_2O$,分别放入烧杯。

②溶解:Na$_2$-EDTA要用50～60 ℃温水溶解,FeSO$_4 \cdot 7H_2O$要先用少量1 mol/L HCl溶解,再用温水溶解。

③混合:把已溶解好的 FeSO$_4 \cdot 7H_2O$ 溶液缓慢加入 Na$_2$-EDTA 溶液中,加蒸馏水定容至100 mL,成100X液,最后保存在棕色试剂瓶中。

表 6-3   MS 铁盐母液所需药品

铁盐	化学药品	1 L 量	10 L 量
①	$Na_2 \cdot EDTA$	37.3 mg/L	373 mg
②	$FeSO_4 \cdot 7H_2O$	27.8 mg/L	278 mg

(4)MS 有机物母液(100X)

称10 L量溶解在100 mL蒸馏水中。配1 L培养基取母液10 mL。

①称量:准确称取表6-4所列药品(肌醇、VB6、VB1、烟酸、甘氨酸),分别放入烧杯。

②混合:用少量蒸馏水将药品分别溶解后混合。

③定容:加蒸馏水定容至1000 mL,成200倍液。

表 6-4   MS 有机物母液所需药品

有机物	化学药品	1 L 量	10 L 量
①	烟酸	0.5 mg/L	5 mg
②	盐酸吡哆素(VB6)	0.5 mg/L	5 mg
③	盐酸硫胺素(VB1)	0.1 mg/L	1 mg
④	肌醇	100 mg/L	1 g
⑤	甘氨酸	2 mg/L	20 mg

(5)生长调节剂

分别称取 2,4-二氯苯氧乙酸(2,4-D)、萘乙酸(NAA)、6-苄基嘌呤(6-BA)这 3 种物质各 10 mg,将 2,4-D 和 NAA 用少量(1 mL)无水乙醇预溶,将 6-BA 用少量(1 mL)的物质的量浓度为 0.1 mol/L 的 NaOH 溶液溶解,溶解过程需要水浴加热,最后分别定容至 100 mL,即得质量浓度为 0.1 mg/mL 的母液。

2. 母液的保存

(1)装瓶:将配制好的母液分别倒入瓶中(铁盐及激素要放入棕色瓶中),贴好标签,注明母液名称、配制倍数(或浓度)、配制 1 L 培养基时应取的量、配制日期、配制者的姓名等。

(2)储藏:将母液储放在 4 ℃冰箱内备用。

四、实验要求

1. 将本次实训内容整理成实训报告。
2. 每小组配制一或两种 MS 培养基母液(三组)。
3. 学会药品用量的计算方法,及配制 1 L 所吸取量的计算方法。

训练六　接种前相关用具及材料的准备

一、实训目标

了解植物组织培养常用的接种工具及所需的材料、用具,掌握接种工具、无菌滤纸等相关用具和材料的包扎、灭菌等。

二、实训准备

18 cm 长型镊子、尖端弯曲的"枪型"镊子、解剖剪、大试管、培养皿、滤纸、牛皮纸、报纸、白线等。

三、实训步骤

1. 接种工具的包扎。
2. 滤纸的包扎。

四、实训要求

1. 每个同学掌握接种工具及材料的包扎方法。
2. 把包扎的工具及材料存放在抽屉,下次使用前灭菌。

训练七 MS固体培养基的配制及灭菌

一、实训目标

掌握基本固体培养基的配制方法、步骤及灭菌方法。

二、实训准备

配制MS培养基所需的母液、琼脂、蔗糖、蒸馏水、移液管、量筒、电炉、pH试纸、1 mol/L NaOH、1 mol/L HCL、培养瓶、高压灭菌锅等。

三、实训步骤

1. 无菌水及工具材料的灭菌

先把无菌水及需灭菌的物品放入高压灭菌锅灭菌。（灭菌锅预热）

2. 固体培养基的配制方法

(1)按配方要求顺序加入规定量母液,放入盛有一定量蒸馏水的烧杯中。

(2)定容:加蒸馏水至1 000 mL,倒入搪瓷量杯,做上标记。

(3)在电炉上加温溶液,加入琼脂、蔗糖,并不断搅拌,使琼脂、蔗糖溶化。

(4)调整pH值:经酸度计或pH试纸测试,用1 mol/L NaOH或1 mol/L HCl把培养基的pH调节到5.8～6.0之间。

(5)分装培养基:趁热装培养基,1 000 mL培养基分装到30～35个培养瓶,即每个培养瓶约30 mL。注意:培养基勿沾到瓶壁。分装后立即加盖,贴上标签,注明培养基的名称与配制时间等。

(6)灭菌:固体营养培养基灭菌通常都用热压法,液体培养基可用热压法,也可用过滤法。

(7)用具清理和洗涤:各种母液按原位置摆整齐,用过的量筒、移液管、烧杯、不锈钢锅等用水洗涤干净,然后按次序放回原处。

四、实训要求

1. 将本次实训内容整理成实训报告。

2. 每组配制1～2 L培养基,做上标记。

3. 各小组同时准备些无菌水,供下次实训用。

训练八　无菌操作技术练习

一、实训目标

通过在超净工作台上进行无菌操作训练,初步掌握组织培养的无菌操作技术。

二、实训准备

超净工作台、盛有培养基的培养瓶、70%和95%的酒精、接种器械、无菌水、培养材料、酒精灯、棉花、灭菌药品、灭菌瓶、无菌瓶、培养皿(装有灭菌滤纸)、装废液的烧杯等。

三、实训步骤

1. 接种室及操作工作台的灭菌

(1)把接种所用物品用酒精擦拭后分别放在工作台的合适区域。

(2)打开超净工作台和接种室的紫外灯及通风设备,20 min后关闭紫外灯。

2. 外植体刷洗及表面消毒(可提前一天进行预处理)

选用健壮、无病虫害的外植体。除去不用的部分,将需要的部分用流水冲洗干净,必要时可用刷子刷洗。洗时可加入洗衣粉或表面活性物质——吐温。

3. 外植体材料的表面浸润灭菌

(1)摘除手上的物品(如手表、戒指、手镯等),用水和肥皂洗净双手。

(2)用70%的酒精擦拭工作台和双手。

(3)点燃酒精灯,把接种工具放入95%的酒精中浸泡。

(4)将剪刀或解剖刀在酒精灯上来回烁烧至手柄发烫,冷却后把培养材料剪切成长度大小合适的块状或条状放进无菌瓶中,在70%的酒精中浸泡约30 s,然后用无菌水冲洗3~5次。再在0.1%的升汞中浸泡8~12 min,用无菌水涮洗3~10次(表面灭菌剂的种类较多,可根据情况选取1~2种)。注意:浸润时要不时用玻璃棒或镊子轻轻搅动消毒溶液,以促进材料各部分与消毒溶液充分接触,驱除气泡,使消毒彻底。用无菌水涮洗时每次要3 min左右,视采用的消毒液种类涮洗3~10次。无菌水涮洗的作用是免除消毒剂杀伤植物细胞的副作用。

4. 切材料

左手用镊子夹住材料,右手拿手术刀或剪刀将外植体材料切割成0.5~1 cm² 的大小,可用材料放在灭菌后的培养皿中。

5. 接种

(1)接种用具灭菌:将镊子在酒精灯上来回烁烧至手柄发烫,打开培养皿,用镊子夹一张滤纸放培养皿盖中。

（2）取材料：左手拿灭菌瓶，瓶口在火上旋转烁烧后打开瓶盖，瓶口再次在火上旋转烁烧，右手拿已冷却镊子将材料取出放在滤纸上吸干水分。

（3）接种：左手拿培养基瓶，瓶口在火上旋转烁烧，靠近火源揭开瓶盖，瓶口再次在火上旋转烁烧，右手用镊子夹住外植体材料按极性插入培养基中。

（4）盖瓶口：瓶口再次在火上旋转烁烧，将瓶盖也在火上旋转烁烧后将瓶口盖紧。

（5）作标记：注明接种时间和材料名称、接种人姓名等。

（6）接种结束后，熄灭酒精灯，整理用具，清理和关闭超净工作台。

操作时注意：

①接种应迅速，接种工具灼烧后要冷却后再取材料，避免烧伤材料。

②每接一瓶，接种工具都应在 95% 的酒精中浸泡并在火上烧灼，避免交叉污染。

③接种过程中保持瓶口始终在酒精灯火焰周围半径 5～10 cm 的范围内。

四、实训要求

1. 将本次实训内容整理成实训报告。
2. 每人接种 5～6 瓶，接种一周后，观察接种材料的污染情况，并分析原因。
3. 每人要选择不同的外植体（叶片、茎、种子、鳞茎、块根等）进行练习。

训练九 继代培养与增殖

一、实训目标

掌握组培苗继代增殖的基本原理和方法以及不同植物继代接种的操作方法。

二、实训准备

超净工作台、盛有培养基的培养瓶、70% 和 95% 的酒精、接种器械（解剖刀、剪刀、镊子等）、培养材料、酒精灯、棉花、灭菌瓶（小烧杯）等。

三、实训步骤

1. 接种室及操作工作台的灭菌
（1）把接种所用物品用酒精擦拭后分别放在工作台的合适区域。
（2）打开超净工作台和接种室的紫外灯及通风设备，20 min 后关闭紫外灯。

2. 接种

(1)摘除手上的物品(如手表、戒指、手镯等),用水和肥皂洗净双手。

(2)用70%的酒精擦拭工作台和双手。

(3)点燃酒精灯,把接种工具放入95%的酒精中浸泡。

(4)左手拿需继代的有植物材料的培养瓶,瓶口在火上旋转烁烧,靠近火源旋松瓶盖,右手拿未接种的培养瓶,瓶口同样在火上旋转烁烧后移到左手。(注意:未接种的培养瓶在上,需继代的有植物材料的培养瓶在下。)

(5)从上到下依次把两个培养瓶的瓶盖打开,瓶口再次在火上旋转烁烧,右手用已烁烧后的镊子夹住植物材料接种到新的培养基中。

(6)盖瓶口:瓶口再次在火上旋转烁烧,将瓶盖也在火上旋转烁烧后将瓶口盖紧。(注意:从下到上依次把两个培养瓶的瓶盖盖上。)

(7)作标记:在培养瓶上注明继代时间、材料名称、接种人姓名等。

(8)接种结束后,熄灭酒精灯,整理用具,清理和关闭超净工作台。

操作时注意:

(1)未接种的培养瓶在上,需继代的有植物材料的培养瓶在下。

(2)瓶盖打开与盖上的顺序。

(3)继代材料的选择。

四、实训要求

1. 用上一次实验生产的组培苗进行继代接种操作,每个学生接种10瓶培养基(第一次学习时),最后进行接种室清理和灭菌。

2. 以后还要进行多次的继代接种操作练习,在每次的继代接种中,学生要完成一定的工作量(接种瓶苗数),并要记录好各学生接种的数量和产生污染的数量,作为学生学习考核的依据。

3. 将本次实训内容整理成实训报告。

训练十　培养物的生根培养

一、实训目标

掌握组培苗生根的基本原理和方法以及不同植物生根培养接种的操作方法。

二、实训准备

超净工作台、盛有培养基的培养瓶、70%和95%的酒精、接种器械(解剖刀、剪刀、镊子等）、培养材料、酒精灯、棉花、灭菌瓶（小烧杯）等。

三、实训步骤

与继代培养相似。

四、实训要求

1. 用上一次实验生产的组培苗进行生根培养接种操作，每个学生接种 10 瓶培养基（第一次学习时），最后进行接种室清理和灭菌。

2. 以后还要进行多次的生根培养接种操作练习，要求每次的生根培养接种中，学生要完成一定的工作量（接种瓶苗数），并要记录好各学生接种的数量和产生污染的数量，作为学生学习考核的依据。

3. 将本次实训内容整理成实训报告。

训练十一 组培苗的移栽驯化

一、实训目标

掌握组培苗移栽成活的基本原理和基本方法，炼苗的原理，移栽基质的要求和灭菌，移栽操作的基本过程。

二、实训准备

生根组培苗、镊子、水盆、蛭石和珍珠岩、育苗盘、喷雾器、竹签等。

三、实训步骤

1. 炼苗：将生根的组培苗从培养室取出，放在自然条件下 1～2 d，然后打开瓶口，再放置 1～2 d。

2. 基质灭菌：将蛭石和珍珠岩分别用聚丙烯塑料袋装好，在高压灭菌锅中灭菌 20 min，灭菌后冷却备用。

3. 育苗盘准备：取干净的育苗盘，将蛭石和珍珠岩按 1∶1 作混合，然后倒入育苗盘中，用木板刮平。将育苗盘放入 1～2 cm 深的水槽中，使水分浸透基质，然后取出备用。

4. 试管苗脱瓶：用镊子将试管苗轻轻取出，放入清水盆中，小心洗去根部琼脂，然后捞出，放入干净的小盆中。

5. 移栽:用竹签在基质上打孔,将小苗栽入育苗穴盘中,轻轻覆盖、压实。待整个穴盘栽满后用喷雾器喷水浇平。最后将育苗盘摆入驯化室中,正常管理。

四、实训要求

1. 以小组为单位,按要求进行洗苗、备基质、消毒、洗苗、移栽、遮阴保湿等操作,在今后的管理中,要每天察看苗的生长情况,及时淋水,适时调节光照,适时淋肥、注意病虫害的防治等。有异常时及时向指导老师汇报。

2. 记录试管苗移栽驯化步骤,统计移栽成活率。

3. 将本次实训内容整理成实训报告。

附1 玻璃器皿的洗涤

1. 新购置的玻璃器皿的洗涤:因有游离碱性物质,使用前先用1%的稀盐酸浸泡一夜,然后用肥皂水洗净,清水冲洗,最后用蒸馏水冲洗1次,干后备用。

已用过玻璃器皿:先将残渣除去;用清水洗净,再用热肥皂水或洗衣粉洗净,清水冲洗干净,最后用蒸馏水冲洗1次,干后备用。

2. 对一些不宜刷洗的玻璃器皿如移液管、滴管及较脏的器皿等先用去污粉和去油剂刷洗,自来水冲干净后,晾干,再浸入硫酸—重铬酸钾洗液中浸泡若干小时,用夹子取出后用自来水冲洗干净,再用蒸馏水冲洗1～3遍,不滴水后置于干燥箱内烘干备用。

3. 对带有凡士林、石蜡或胶布的器皿选用特殊方法处理后,再用常规方法洗涤。带有凡士林的器皿须先用废纸把凡士林擦去,再用汽油擦洗干净,然后用热肥皂水煮沸半小时,刷洗后,自来水冲干净。若带有石蜡,可在玻璃器皿下垫几层废纸,放入60～70℃温箱中加热1～2 h,待石蜡融化后,再用废纸反复擦2～3次去除石蜡,再泡入含有洗衣粉的热水中洗干净,最后用自来水冲洗,蒸馏水冲洗干净;若有胶布粘着物,先用蘸有70%的酒精棉球擦数遍,溶解粘胶物,并用少许去污粉刷抹,再用洗衣粉煮沸半小时,刷洗干净,自来水冲洗,晾干。

附2 常用消毒药剂的配制和使用技术

1. 福尔马林。福尔马林是含36%～38%的甲醛溶液。由于它能使蛋白质凝固而具有杀菌作用,是重要的消毒剂。5%的福尔马林可杀死细菌芽孢和真菌孢子。常用于消毒接种箱(室)、培养室。一般每立方米空间用5～10 mL。在蒸发或低温下贮放较久时,常聚合成白色絮状沉淀,将其加热沉淀即可消失。

2. 酒精。酒精的杀灭能力主要是脱水作用,可使细菌蛋白质脱水变性导致死亡,能溶解酯类分泌物,也有机械除菌作用。常用70%～75%酒精进行皮肤和各种器皿消毒。浓度过低和过高都不理想,过低时脱水能力差,过高时由于过快地使菌体表层蛋白质脱水而凝固,妨碍酒精向深层渗透,内部结构未遭破坏,杀菌作用反而降低。酒精易燃、易挥发,应密封保存,远离火源。用95%的酒精75 mL,加水20 mL可配制成75%的酒精。

3. 苯酚。苯酚又叫石炭酸,可使细菌细胞的原生质蛋白质变性沉淀,可使细胞膜破坏而杀死多数细菌。但对真菌孢子作用不大。纯净的苯酚是无色针六晶体,具有特殊的气味。常用3%～5%的苯酚溶液喷雾消毒接种室(箱)或对器皿消毒。苯酚有毒,毒物危害程度为

Ⅲ级（中度危害），对皮肤有腐蚀性，接触皮肤时可用清水洗涤。配制时，取苯酚 50 g 加入到 1 000 mL 蒸馏水中即可配成 5％的苯酚水溶液，是一种常用的消毒剂。

4. 来苏儿。来苏儿是邻、对、间甲苯酚三种异构体的混合物，又名煤酚皂溶液。属良好的消毒剂，杀菌能力比苯酚强 4 倍。常用 1％～3％的来苏儿水溶液对皮肤及各种器械消毒。用 3％～5％的水溶液于器皿、污物浸泡（约 1 h）消毒。也可喷雾对接种箱（室）消毒。配制时，取 50％的来苏儿 30 mL 加水 470 mL 即可得到 3％的来苏儿溶液。

5. 高锰酸钾。高锰酸钾（$KMnO_4$）是一种强氧化剂。0.1％的浓度有消毒作用，2％～5％的溶液对芽孢有效，也能杀死厌氧菌。常用 0.1％的高锰酸钾对器皿表面消毒，也可用 1 份结晶的高锰酸钾倒在 2 份甲醛溶液中对接种室（箱）熏蒸消毒。每立方米用高锰酸钾 5 g。

6. 漂白粉。漂白粉是一种有刺激性气味的白色粉末，其有效成分是次氯酸钙（$Ca(ClO)_2$）。它溶于水分解成次氯酸（$HClO$），当渗入细菌体内，可使蛋白质变性，从而起到杀菌作用。常用 2％～5％的漂白粉溶液洗刷接种室、培养室墙壁、床壁等。由于其易吸收空气中的水分和二氧化碳生成次氯酸而失效，所以应保持在密闭的容器里，存放于干冷处。

7. 新洁尔灭。新洁尔灭又叫十二烷基二甲基苯甲基溴化铵，为淡黄色胶体状，具有芳香味。原液浓度为 5％，用时稀释成 0.25％即可。常用于接种箱、玻璃器皿表面消毒，对细菌和病毒有较好的杀灭能力。对皮肤及粘膜有轻度刺激，严重者可产生皮疹。

8. 石灰。是碱性物质，可提高培养料或环境的 pH 值，从而抑制大多数酵母菌及霉菌的生长繁殖而达到消毒的目的。使用时可用生石灰盖在霉菌污染处。也可配制成 5％～10％的水溶液喷洒，或用 0.5％～2％的水溶液浸泡稻草和麦秸等培养料。

9. 升汞。升汞又名氯化汞（$HgCl_2$），有剧毒，毒物危害程度为Ⅰ级（极度危害）。杀菌作用较强。0.1％的升汞液几分钟内就可杀死细菌的营养细胞，常用 0.1％～0.2％溶液对种菇、种水、玻璃器皿及非金属器械表面消毒。配制时取升汞 1 g 加 1 000 mL 蒸馏水即可得到 0.1％的升汞溶液。如升汞与皮肤接触，可用大量水冲洗后，湿敷 3％～5％硫代硫酸钠（$Na_3S_2O_3$）溶液。升汞液应装在棕色玻璃瓶中贮存。

附3　洗涤剂的配制和使用技术

1. 1％的 HCl—95％的酒精：100 mL 酒精加入 1 mL HCl 中。

2. 硫酸—重铬酸钾洗液：称取 10 g 重铬酸钾（$K_2Cr_2O_7$）加入蒸馏水 100 mL，加热溶解冷却后，逐渐加入浓硫酸（H_2SO_4）200 mL，放入棕色玻璃瓶备用。（注意：配制时一定要先加水后加酸；切记不可将盛过酒精、甲醛等原剂的药品玻璃器皿直接泡入洗液中，因为重铬酸钾是一种强的氧化剂，一旦被还原氧化，洗液变绿，将失去洗涤作用。这些器皿必须用自来水冲洗干净并晾干再浸入洗液）。

附4　培养基成分介绍

1. 培养基的成分是影响组织培养的最根本的外部因素

影响培养效果的因素有外因和内因，外因有培养基成分及物理状态、培养温度、光照强度、光质及波长等等。这五种外因中最根本的是培养基成分。

2. 培养基的成分

(1)大量元素

植物生长必需的 C、H、O、N、P、K、S、Ca、Mg 九种元素在植物组成中含量较多,通常占干重或灰分的千分之几到百分之几,在培养基中用量较大,所以叫大量元素。

大量元素 H、O 两种元素主要从水中获得;C 从光合作用 CO_2 来,但离体植物或组织没有光合作用能力。因此通过加糖提供 C 源,常用蔗糖;N 常用硝态 N(硝酸钾等)和铵态 N(硫酸铵等),大多数以硝态 N 为主,MS 培养基和 N6 培养基既含有硝态 N 又含有铵态 N;P、K 在近代培养基中,用量有提高的趋势;Ca、Mg、S 的需要则较少,能提供这些元素的物质主要有磷酸二氢钾(KH_2PO_4)、7 个结晶水的硫酸镁($MgSO_4 \cdot 7H_2O$),2 个结晶水的氯化钙($CaCl_2 \cdot 2H_2O$)。

(2)微量元素

包括 Fe、Cu、Mo(钼)、Zn、Na、Mn、Co(钴)、B(硼)和 I(碘),它们在植物组织培养基中需要量极微,体内含量常在 $10^{-3} \sim 10^{-5}$ mol/L 之间,培养基中添加 $10^{-7} \sim 10^{-5}$ mol/L 就可满足需要,多了就会引起植物细胞酶失活,代谢障碍,蛋白质变性及组织死亡。Fe 是用量较多的一种微量元素,对植物组织叶绿素的合成和延长生长起重要作用。因 $Fe(SO_4)_3$(硫酸铁)和 $FeCl_3$(氯化铁)在培养基 pH 为 5.2 以上时形成 $Fe(OH)_3$ 沉淀,植物材料无法吸收,故常用 $FeSO_4 \cdot 7H_2O$(硫酸亚铁)和 Na_2-EDTA(二乙胺四乙酸二钠)结合成螯合铁而成为有机态被吸收和利用。

Cu 有促进离体根生长的作用;Mo 是合成活跃的硝酸还原酶的组成部分,也是固氮酶的组成部分,还有防止叶绿素受破坏的作用;Mg、Zn、Na 是酶的组成部分,也有防止叶绿素被破坏的作用;Mn 与植物呼吸作用、光合作用有关;B 与糖的运输、蛋白质合成有关。总之,微量元素在生命活动中,多以酶系中的辅基形成起重要作用。

(3)有机营养物质

①维生素类:大多数植物组织或细胞能够合成必要的维生素,但是在数量上显然是不够的,通常在培养基中补加一种或多种维生素。但各标准营养培养基所用维生素组合差别较大,常使用的有:

表 6-5 维生素类营养物质使用量

维生素 B_1(盐酸硫铵素)	用量 0.1~5.0 mg/L
维生素 B_6(盐酸吡哆醇)	用量 0.1~1.0 mg/L
维生素 H(生物素)	用量 0.01~1.0 mg/L
烟酸(B_3)	用量 0.1~5.0 mg/L
肌醇	用量 100~200 mg/L
核黄素	用量 0.1~1.0 mg/L
抗坏血酸(VC)	用量 1~100 mg/L
泛酸钙、叶酸	用量 0.5~2.5 mg/L

②氨基酸:是重要的有机氮源,有甘氨酸、丝氨酸、谷氨酸、天冬酰胺、水解酪蛋白(CH)、水解乳蛋白(LH),它们主要作为营养提供,以利于蛋白质合成,CH 和 LH 是近 20 种氨基酸的混合物,常用量 100~1 000 mg/L。

3. 有机添加物

是一些成分较复杂,大多数含氨基酸、激素、酶等的复杂化合物,它们对细胞和组织的增殖与分化有明显的促进作用,但成分大多不清楚,含量也不稳定,所以一般应尽量避免使用,特别是新的生长调节剂物质不断产生,更缩小了它们的使用范围。

a. 椰乳(CM):液体胚乳,一般浓度 10%～20%。

b. 香蕉:用量 20～200 g/L,黄熟的小香蕉加入培养基后即变紫色,对 pH 的缓冲作用影响很大,主要于兰花组培。

c. 马铃薯:去皮去芽后用量 150～200 g/L,切碎,煮 30 min,过滤。对 pH 有缓冲作用。

d. 其他还有酵母提取液(YE),用量约 0.5%;麦芽提取液用量 0.1%～0.5%;苹果汁、番茄汁、柑桔汁等。

(1)琼脂

是一种从海藻中提取出来的凝胶性物质,作固体培养基凝固剂用,一般用浓度 0.6%～1%,视琼脂质量而异。用前要浸洗,琼脂以色白、洁净为好。

(2)糖

糖是碳源,提供营造新细胞、新的化合物的碳骨架,也为组织呼吸代谢提供底物及能源,还能维持培养物所需渗透压。

植物组织培养中提供碳源的糖类有蔗糖、葡萄糖、果糖,蔗糖是最好的碳源,多数植物在芽分化时糖用量为 30 g/L,根分化时用 15～20 g/L,但也有高达 50～60 g/L,在培养基筛选等多项研究工作时,为避免出现误差而影响实验效果,最好用纯度较高的蔗糖。实际生产中,完全可以用市集的白糖代替化学纯的蔗糖。

(3)活性炭

加入活性炭的目的是除去琼脂中的毒物或培养物产生的芳香族的代谢废物,活性炭可防止组织变褐并利于胚胎发生与生根培养。活性炭的制造方法和来源不同,差异较大,一般用量为 0.1%～0.5%。

(4)植物生长调节物质

植物生长调节物质是培养基中的关键物质,对植物组织培养起着生根而又明显的调节作用,它用量的多少及配比的适当程度将影响到愈伤组织的生长、形态建造、根和芽的分化等等。

目前已知的生长素、赤霉素、细胞分裂素、脱落酸和乙烯五大类植物激素,几乎都与分化有关。在植物组织培养中,生长调节剂,尤其是生长素和细胞分裂素非常重要。

生长素常用 2,4-D、萘乙酸(NAA)、吲哚乙酸(IAA)、吲哚丁酸(IBA)等,其生理作用主要是促进细胞生长,刺激生根,对愈伤组织的形成起关键作用。

细胞分裂常用激动素(KT)、6-苄基氨基嘌呤(BA)、玉米素(ZT)、2-异戊烯腺嘌呤(Zip),它们经高温高压灭菌后性能仍稳定。KT 受光易分解,故应在 4～5 ℃低温黑暗下保存,细胞分裂素有促进细胞分裂和分化、延长组织衰老、增强蛋白质合成、抑制顶端优势、促进侧芽生长及显著改变其他激素作用的特点。

通常认为,生长素和细胞分裂素的比值大时,有利于根的形成;比值小时,则促进芽的形成。低浓度 2,4-D 有利于胚状体的分化,但妨碍胚状体进一步发育,NAA 有利于单子叶植物分化,IBA 诱导生根的效果最好。

赤霉素(GA)的生理作用是促进植物伸长,节间伸长,分生组织芽生长,诱导淀粉的合成,打破休眠和促进开花等,与生殖器官发生有关,一般不常用。在愈伤组织和悬浮培养物的启动和保持生长时才需要,有时小植株再生时也需要。

脱落酸是植物体天然存在的生长抑制物,有促进叶部脱落、诱导休眠作用,与生殖器官发生有关。

乙烯是植物内唯一呈气体状态的激素,与植物衰老和成熟有关。

表 6-6　植物营养培养基中常用的植物生长调节剂

类别	名　称	缩写词	分子量	使用浓度范围	母液配制	说　明
生长素	2,4-二氯苯氧乙酸	2,4-D	221.0	0.001~10 mg/L	生长素能溶于乙醇,可用 NaOH 溶液滴至溶解成溶液。	IAA 易被植物细胞所氧化,故培养基中很少单独使用。
	α-萘乙酸	NAA	186.2	0.001~10 mg/L		
	吲哚-3-乙酸	IAA	175.2	0.001~10 mg/L		
	吲哚-3-丁酸	IBA	203.2	0.001~10 mg/L		
细胞分裂	6-苄基氨基嘌呤	BA	225.2		分裂素通常能溶于稀 NaOH、含水乙醇或稀盐酸	玉米素不耐热,不能高压灭菌。
	6-糠基氨基嘌呤	KT	215.2			
	N-异戊烯氨基嘌呤(玉米素)	ZT	219.2			
其他	赤霉素	GA₃	346.37		能溶于乙醇	不耐热不能高压灭菌。
	脱落酸	ABA	264.31			

4. pH 的调整

培养基的 pH 值直接影响对离子的吸收,所以过酸或过碱都对植物材料有很大影响。此外,琼脂培养基的 pH 值还影响到凝固情况。最好用酸度计,若无也可用精密 pH 试纸(干燥保存)。培养基 pH 一般调至 5.6~6.0 的范围。

5. 培养基中采用浓度单位计量

(1)毫克/升(mg/L 或 mg·L⁻¹):每升溶液中所含某化合物的毫克重。

(2)微克/升(ug/L 或 ug·L⁻¹):每升溶液中所含某化合物的微克重。

(3)重量百分率:每 100 mL 溶液中含某化合物的克重。如:2%表示1 000 mL 溶液中含化合物 20 g,采用琼脂和蔗糖时常用此单位。

(4)克分子重量(mol·L⁻¹或 mol/L):每升溶液中所含某化合物的克分子重,此种单位常用于生长调节剂,按用量不同,又分毫克分子重(mmol·L⁻¹)和微克分子重(μmol·L⁻¹)。

(5)容积百分率:100 mL 溶液中含有某化合物的毫升量,常用于表示椰乳等。

附5　培养基种类介绍

1. 培养基的种类

组织培养是否成功,在很大程度上取决于对培养基的选择。不同培养基有不同特点,适合于不同的植物种类和接种材料。开展组织培养活动时,应对各种培养基进行了解和分析,以便能从中选择使用。下面介绍组织培养几种常用培养基,培养基中的激素种类和数量,随着不同培养阶段和不同材料而有变化,因此各配方中均不列入。

(1)MS 培养基。MS 培养基是目前普遍使用的培养基。它有较高的无机盐浓度,对保证组织生长所需的矿质营养和加速愈伤组织的生长十分有利。由于配方中的离子浓度高,在配制、贮存、消毒等过程中,即使有些成分略有出入,也不致影响离子间的平衡。MS 固体培养基可用来诱导愈伤组织,或用于胚、茎段、茎尖及花药培养,它的液体培养基用于细胞悬浮培养时能获得明显成功。这种培养基中的无机养分的数量和比例比较合适,足以满足植物细胞在营养上和生理上的需要。因此,一般情况下,无须再添加氨基酸、酪蛋白水解物、酵母提取物及椰子汁等有机附加成分。与其他培养基的基本成分相比,MS 培养基中的硝酸盐、钾和铵的含量高,这是它的明显特点。

(2)B5 培养基。B5 培养基的主要特点是含有较低的铵,这是因为铵可能对不少培养物的生长有抑制作用。经过试验发现,有些植物的愈伤组织和悬浮培养物在 MS 培养基上生长得比 B5 培养基上要好,而另一些植物在 B5 培养基上更适宜。

(3)N6 培养基。N6 培养基特别适合于禾谷类植物的花药和花粉培养,在国内外得到广泛应用。在组织培养中,经常采用的还有怀特(While,1963)培养基、尼许(Nitsch,1951)培养基等。它们在基本成分上大同小异。怀特培养基由于无机盐的数量比较低,更适合木本植物的组织培养。

2. 培养基的选择

可采用一种已知培养基如 MS、B5 或 N6,对少数成分进行改变;进行一系列试验,在修改一种培养基时,对无机成分和有机成分分别处理。

在植物组织培养基中最可变的因素是生长调节剂,尤其是生长素和细胞分裂素,具体方法:首先选择好一种基本培养基(MS),对生长素(IAA)和细胞分裂素(BAP)均分别制定大约五种浓度 0、0.5、2.5、5、10 μmol(微克量),将这两种调节剂的五种浓度进行排列组合便可以得到 25 个组合的试验性培养基,从 25 个培养基中挑选出最好的培养条件进一步选择最合适的生长素和细胞分裂素(浓度均与最适条件浓度相同)。方法是先保持其中的生长素不变,只改变细胞分裂素的类型,反之亦然。

虽然高盐培养基(MS 等)在许多植物系统中已证明是良好的,但是有些培养物在低盐培养基上生长得更好,因此值得花精力去检验一下在最适生长调节剂组合下改变 MS 的无机盐浓度为 1/2 和 1/4 水平,从而可以找到最好的无机盐尝试和最适生长调节剂组合的营养培养基。

3. 培养基母液配制

为了减少工作量,减少多次称量所造成的误差,一般将常用药品配成比所需浓度高 10～100 倍的母液,现以 MS 培养基为例,说明母液的配制方法。

注意:

(1)大量元素按照使用时高 10 倍的数值称取,除 $CaCl_2 \cdot 2H_2O$ 单独配制外,其余化合物混合配制。

(2)微量元素除铁盐作为一组单独配制外,其余化合物可混合。

(3)母液最好在 2～4 ℃的冰箱中贮存,特别是有机类物质,贮存时间不宜过长,无机盐母液最好在一个月内用完,如发现有霉菌和沉淀产生,就不能再使用。

(4)制备母液和营养培养基时,所用蒸馏水或无离子水必须符合标准要求,化学药品必须是高纯度的(分析纯)。

(5)称量药物采用高灵敏度的天平,每种药品专用一个药匙。

4. 生长调节剂母液配制

为了操作方便,节约时间,生长调节剂也可如同配制母液一样,先配成原液,这样配制培养基时只要稍加计算,按需要量取即可。

不同药品在配制时若不溶于水,可用少量不同的溶剂先溶解,萘乙酸(NAA)、吲哚乙酸(IAA)、赤霉素(GA_3)、2,4-D 等生长素和玉米素(ZT)可先用少量 95% 的酒精溶解,然后加水,如溶解不完全再加热。激动素(KT)和 6-苄基嘌呤(BA)可溶于少量 1 mol/L 的盐酸中,叶酸需用少量稀氨水溶解。

5. 母液吸取量的计算

公式 1:母液吸取量 = 母液体积(mL) × $\dfrac{\text{配制培养基的升数}}{\text{母液浓缩倍数}}$

公式 2:母液吸取量 = $\dfrac{\text{培养基要求的含量}}{\text{母液每 mL 的含量}}$(各种生长调节剂)

表 6-7 MS 培养基母液配制

编号	种类	成 分	规定量 (mg/L)	浓缩 倍数	称取量 (mg)	母液体积 (mL)	配制 1 L 培养基 吸取量(mL)
Ⅰ	大量元素	KNO_3	1 900	10	19 000	1 000	100
		NH_4NO_3	1 650	10	16 500		
		$MgSO_4 \cdot 7H_2O$	370	10	3 700		
		KH_2PO_4	170	10	1 700		
		$CaCl_2 \cdot 2H_2O$	440	10	4 400		
Ⅱ	微量元素	$MnSO_4 \cdot 4H_2O$	22.3	100	2 230	100	10
		$ZnSO_4 \cdot 7H_2O$	8.6	100	860		
		H_3BO_3	6.2	100	620		
		KI	0.83	100	83		
		$Na_2MoO_4 \cdot 7H_2O$	0.25	100	25		
		$CuSO_4 \cdot 5H_2O$	0.025	100	2.5		
		$CoCl_2 \cdot 6H_2O$	0.025	100	2.5		
	铁盐	Na_2-EDTA	37.3	100	3 730	1 000	10
		$FeSO_4 \cdot 4H_2O$	27.8	100	2 780		
Ⅲ	有机物	甘氨酸	2.0	50	100	500	10
		盐酸吡哆醇	0.5	50	25		
		盐酸硫铵素	0.1	50	5		
		烟酸	0.5	50	25		
		肌酸	100	50	5 000		

附6　外植体灭菌

植物组织培养的成功首先在于初代培养,即能否建全起于无菌外植体,注意几个重要环节。

1. 保证无菌

主要保证培养材料和培养基的无菌状态

(1)茎尖、茎段及叶片等的消毒,因暴露于空气中,有较多的茸毛、油脂、蜡质和刺等,首先用自来水较长时间冲洗,特别是多年生木本材料应更注意,有的可用肥皂、洗衣粉或吐温等进行洗涤→酒精浸泡数秒钟→无菌水冲洗 2~3 次→(按材料老、嫩,用枝条的坚实程度)分别用 2%~10%的次氯酸钠溶液浸泡 10~15 min→无菌水冲洗 3 次→接种。

(2)果实及种子消毒。

①果实:自来水冲洗 10~20 min→纯酒精迅速漂洗一下→2%的次氯酸钠溶液浸泡 10 min→无菌水冲洗 2~3 次→取出果内种子或组织进行培养。

②种子:自来水冲洗 10~20 min→10%的次氯酸钙浸泡 20~30 min 甚至几个小时,依种皮硬而定,对难于消毒的还可用 0.1%的升汞或 1%~2%的溴水消毒 5 min,进行胚或胚乳培养;对种皮太硬的种子,也可预先去掉种皮再用 4%~8%次氯酸钠溶液浸泡 8~10 min→无菌水冲洗→接种。

(3)花药消毒:用于培养的花药,实际上多未成熟,外有花萼、花瓣或颖片保护,处于无菌状态,所以只要将整个花蕾或幼穗消毒即可,一般用 70%的酒精浸泡数秒钟→无菌水冲洗 2~3次→漂白粉浸泡 10 min→无菌水冲洗 2~3 次→接种。

(4)根及地下部分器官的消毒。这类材料生长于土中,消毒较为困难,先用自来水洗涤,用软毛刷刷洗→用刀切去损伤及污染严重部位→吸干→纯酒精漂洗→0.1%~0.2%的升汞浸泡 5~10 min 或 2%的次氯酸钠溶液浸泡 10~15 min→无菌水冲洗 3~4 次→无菌滤纸吸干→接种。若上述方法仍不见效时,可将材料浸入消毒液中进行抽气减压帮助消毒液的渗入,从而达到彻底灭菌的目的。

2. 条件合适

要成功地建立初代培养,首先一定要选择好合适的培养部位。在生产实际中,必须选取最易表达全能性的部位,增加成功机会,降低生产成本。大多数植物茎尖是较好的部位,由于其形态已基本建成,成长迅速、遗传性稳定,也是获得无病毒的主要途径。但茎尖往往受到材料来源的限制,为此茎段也得到了广泛的应用,而叶片的培养利用更为普遍,材料来源最为丰富,一些培养较困难的植物则往往可以通过子叶、下胚轴培养奏效。花药和花粉培养成为育种和得到无病毒苗的主要途径之一,其他可根据需要采用根、花瓣、鳞茎等部位培养。总之,在确定取材部位时,一方面要考虑培养材料的来源有保证、容易成苗,另一方面要考虑到特别是通过脱分化产生愈伤组织培养途径是否会引起不良变异,丧失原品种的优良性状。取材亦受季节影响,器官的生理状态和生育年龄、材料大小的影响。茎尖培养存活临界大小应为一个茎尖分生组织带有 1~2 个叶原基,大小为 0.2~0.3 mm,叶片、花瓣等约为 5 mm^2,茎段则长约 0.5 mm,愈伤组织约为 5 mm 左右。

第七部分

综合项目训练篇

项目一　兰花的栽培管理

兰花一直因其花色华丽、花姿优美、花期长,倍受人们的青睐。本项目要求熟悉蝴蝶兰、大花蕙兰、拖鞋兰、石斛兰等兰花的形态特征和生态习性,掌握它们的繁殖方法与栽培要点。

项目1.1　蝴蝶兰的栽培管理

一、材料用具

蝴蝶兰;现代化实训温室。

二、项目实施过程

任务1　蝴蝶兰生态习性和常见品种的了解

任务2　栽培基质的配制和盆钵的选择

任务3　常用繁殖方法

任务4　环境温、湿度和光照管理

任务5　水肥管理

任务6　病虫害防治

任务7　换盆

任务8　花期管理

三、实施步骤

任务 1　蝴蝶兰生态习性和常见品种的了解

(一)形态特征

蝴蝶兰为兰科蝴蝶兰属的多年生附生草本花卉,原产亚洲热带,既无匍匐茎,也无假鳞茎,对气候的适应性差。其茎较短,长约 5~8 cm,每株只有数片肥厚的叶子交互叠列于茎基部,白色粗大的气生根则盘旋或垂悬于茎基部之下。花期为 10 月至翌年 1 月,花埂从叶腋抽出、拱形,有花十数朵,状若彩蝶翩翩起舞,每朵花可开 2~3 周,全株可连续开放 60~70 d。因其花色丰富、花形迷人、花姿高雅,素有"兰花皇后"之美誉。

(二)生态习性

原产非洲,我国也有分布,以台湾居多。性温暖,畏寒,对温度要求十分严格,生长适温 15~28 ℃。喜潮湿半阴环境,忌强光环境。

(三)品种类型

常见品种有:①曙光(*Pink Twilight*),花粉红色,栽培 8 个月抽出穗状花序。②米瓦·查梅(*Miva Charme*),花淡红色具彩色条纹。③奇塔(*Cheetah*),花黄色,具深色小斑点。④快乐的少女(*Happy Girl*),花白色,唇瓣深红色。栽培容易,栽培 1 年开花。⑤红唇(*Red Lips*),花白色,唇瓣深红色。⑥兄弟(*Brother*),花金黄色。⑦白雪公主(*Snow White*),花纯白色。⑧甜(*Sweet*),花金黄色。⑨快乐的礼物(*Happy Valentine*),花白色,具玫瑰红小斑点,唇瓣红色。⑩优美(*Elegance*),花白色,唇瓣黄白色。⑪卡塔莫勒·博特(*Catamoler-Beaute*),花黄白色,有玫瑰红斑点,唇瓣玫瑰红色。

常见同属观赏种有:①斑叶蝴蝶兰(*P. schilleriana*),叶大,表面有灰色和绿色斑纹,背面紫色。花淡紫色边缘白色。②爱神蝴蝶兰(*P. apHrodite*),花白色,中心部具绿或乳黄色。③蝶兰(*P. wilsonii*),花紫红色。

任务 2　培养基质的配制和盆钵的选择

栽培蝴蝶兰的成败和填充基质有极大的关系,应选择好取得、好用、通风排水佳、不易酸化腐败、易植且便宜的填充基质。较容易获得的有水苔、泥炭苔、碎石、木炭、椰子纤维、蛭石、碳化稻谷、保丽龙、龙眼树皮及珍珠石等。成苗基质用 1/4 四分碎石、1/4 二号蛇木屑、1/2 椰子壳纤维,亦可 1/4 三分碎石、1/2 二号蛇木屑、1/4 泥炭苔,也可各用 1/3 的碎石、木炭、蛇木屑为填料。钵底铺一层保丽龙,以免浇水后钵底积水的缺憾。

选用塑胶体盆钵栽培,植料有透明的、白色的、黑色的,有硬盘,有软盆,规格有 2 寸、2 寸半、3 寸、3 寸半、4 寸、4 寸半、5 寸、6 寸等,视植株大小来决定适用盆钵的规格,塑料盆子最好用黑色的,若用透明质料做成的盆钵,因能透光,盆钵在栽培兰花后,会产生地衣或一些绿色的低等植物,或蕨类等,不只影响美观,且较易影响填料的使用期限。

任务 3 常用繁殖方法

大多采用组织培养法繁殖。经试管育成幼苗移栽,大约经过 2 年左右便可开花。也可采用分株繁殖,在春季新芽萌发以前或开花后进行。此时,养分集中,抗病力强。一般结合换盆进行,将母株从盆用托出,少伤根叶,把兰苗轻轻瓣开,选用 2～3 株直接盆栽。若夏季高温季节分株,容易腐烂。冬季分株由于气温略低,发根恢复较慢。

任务 4 环境温湿度和光照管理

(一)温度

蝴蝶兰对温度要求较高,最适温度为白天 25～28 ℃,夜间 18～20 ℃,幼苗为 23 ℃(夜间)。此温度下,可全年生长,从瓶中移出的小苗一年半至两年即可开花。蝴蝶兰对低温敏感,长时间处于 15 ℃便停止生长。15 ℃以下,根部不再吸水,导致老叶发黄或叶面出现黑斑而脱落。春季为蝴蝶兰的开花期,为延长花期,可将其置于温度稍低处,但不能低于 15 ℃,否则花瓣易生锈点。花期过后夏季温度较高,此时应注意通风,调节室温,温度达 28～30 ℃时,应注意通风,32 ℃以上时对蝴蝶兰生长不利,会使其进入半休眠,影响花芽分化。另外,在栽培中应尽量避免温差变化,忽冷忽热对植株生长极为不利。冬日加温时切忌夜间温度过高,以免昼夜温度相等或夜间高于白天,正常情况应是白天高于夜间 5～10 ℃。

(二)湿度

蝴蝶兰喜欢生长在高温多湿的环境里,一般都生长在树干的上方,其根系并不是局促于花钵里面,而是自然的生长在树干上,除了森林山区的雾气之外,其根系向来干燥,往往因浇水过多而腐败,由这些便证明了所使用的填料需透气佳,不易腐败,且含水需适量。温室内的湿度,一般都在 80%～98%之间。

(三)光照

蝴蝶兰原产密林丛中,忌阳光直射。叶片虽肥厚宽大贮有大量水分,但角质层及抗旱结构差,失水快,易发生日灼病。开花兰株适宜光照强度为 2 万～3 万 lx,幼苗可在 1 万 lx 左右。北方地区冬春季节阴雨少,常常是阳光高照,温室内光线仍较强,此时可将遮阴网挂在室内,这样既能遮阴又可保温。

任务 5 水肥管理

浇水对盆栽蝴蝶兰十分重要。蝴蝶兰根部忌积水,喜通风干燥,若水分过多,容易引起根部腐烂,通常浇水后 5～6 h 仍积水,便会引起根腐。苔藓吸水量大,可间隔数日浇水 1 次;树皮块等保水力差,可每日 1 次;当然次数多少看基质变化情况,表面变干,盆面发白时宜浇水。休眠期少浇水,生长旺期多浇水;温度高时多浇,低时少浇;15 ℃以下严控浇水;刚换盆及新植兰株少浇水,以促新根发生并防止老根腐烂;冬季花芽发生,只要温度高,就宜多浇水。北方地区春秋冬较旱,宜多喷水,冬季室温低于 18 ℃时宜降湿,太湿易发病。

蝴蝶兰生长快,需肥量比一般兰株要大,但掌握的原则是少施肥,施淡肥。春天少肥,花期停肥。花期过后,新根新芽始发时再施液体肥料,每周1次,喷洒叶面及基质,施用浓度为1 000～2 000倍。新叶长出,进入旺盛生长时,可在盆面施放少量固体肥料以保证肥料充足。换盆后新根未发,不可施肥,一个月后再施肥。高温闷热季节(32 ℃以上)兰株进入半休眠。施肥不利,秋末生长慢,宜少施肥且以磷钾肥为主,以促进花芽分化。

蝴蝶兰喜通风,忌闷热,通风不良易烂根,大批栽培时应考虑专用通风设备,北方单面温室,必须设有顶部及侧面通风设备。

任务6　病虫害防治

细菌性腐烂病:发病初期喷洒农用链霉素1 000倍液,每周1次,至高温多雨季节结束。

蛞蝓:施用诱杀剂,只要将其洒在盆面或周围环境,蛞蝓便会取食而中毒。

任务7　换盆

对下叶掉落、生长衰退或是植材已老旧的兰株均需换盆。通常2年换盆一次。最适当的时期,就是当开花终了,新根开始长出的晚春到初夏这段时期。换盆时,首先将旧的植材去除,但不要伤及根部。旧的茎和老根也要加以整理切除。为了使排水良好,可在盆底放置1/3的保丽龙球,以利排水。接着用水苔将保丽龙块包起放在兰根下,把根平均摊开种入盆中,覆以松软适中的水苔。换盆后半个月,要放置在湿度高的半阴处,浇水不可过多,以叶面喷水较佳,此时仍不可施肥,直到新根长出后,再比照一般兰株管理。

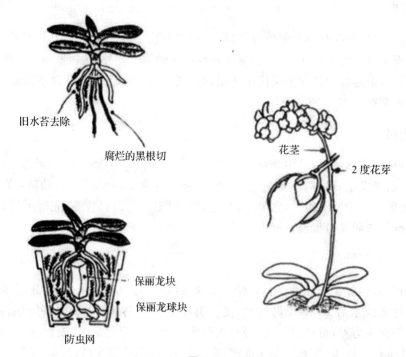

旧水苔去除

腐烂的黑根切

花茎

2度花芽

保丽龙块

保丽龙球块

防虫网

图7-1

任务 8　花期管理

竖立支柱：花芽伸出后，必须竖立支柱。蝴蝶兰的花茎如任其生长，有的是会直立生长，但也有的会倒伏，花也横向开或向下开，失去了观赏的价值。

花茎剪除(图 7-1)：开过花的花茎，将下半部的 3～4 节保留，其余切除，让它长出腋芽，到了初夏时节，会再度开花。

四、思考题

1. 蝴蝶兰换盆应注意的问题是什么？

项目 1.2　　大花蕙兰的栽培管理

一、材料用具

大花蕙兰；现代化实训温室。

二、项目实施过程

任务 1　大花蕙兰生态习性的了解
任务 2　栽培基质的配制和盆钵的选择
任务 3　常用繁殖方法
任务 4　环境温、湿度和光照管理
任务 5　水肥管理

三、实施步骤

任务 1　大花蕙兰生态习性的了解

(一)形态特征

大花蕙兰学名喜姆比兰(*Cymbidium*)，又称虎头兰，是东亚兰的代表性兰属。叶片长达 70 cm，向外弯垂，近似中国的国兰。假球茎特别硕大，花梗由兰头抽出，约着花 10 余朵，花瓣圆厚，花型大，花色壮丽，黄、橙、红、紫、褐等色，花期很长，50～60 d。

(二)生态习性

性喜温暖、湿润的环境,夏季需一段时间处于冷凉状态才能使花芽顺利分化,不耐寒,稍喜阳光,忌阳光直射。

任务 2　栽培基质的配制和盆钵的选择

主要以树皮为主,其他如出瓶、小苗用水草(水苔),随大小苗增加泥炭土比率,用石子、蛇木屑、泡沫等配量混合等方式。以树皮为主要栽培介质的。最重要的是树皮的处理。树皮一旦没有完全发酵处理,往后在盆内再进行发酵,对根部腐蚀及病害的发生就很容易了。树皮基本上有三个问题:

1. 含松脂油;
2. 须高温杀菌;
3. 完全发酵。

问题处理方法:将树皮置于静止的水中,泡 6 个月使其能完全发酵是最保险的做法;发酵后再用蒸汽或水煮作杀菌处理(亦可除去松脂油);水中加醋酸或石灰能加速发酵。

配量说明:出瓶苗可用水草或细树皮为培养介质(1.5 寸);小苗可用细树皮＋小石子或泥炭土,比例约细树皮：小石子或泥炭土＝6：4(2.5 寸);中苗可用中树皮＋中石子(φ1～2 cm)或泥炭土,比例约中树皮：中石子或泥炭土＝8：2(4.5 寸);大苗完全可用中树皮了。

任务 3　常用繁殖方法

一般采用分株繁殖,也可用组织培养法育苗。若种苗不足,也可将换盆时舍弃的老兰头保留下来,剪除枯叶和老根,重新加以培植,不久它就能萌发新芽,长成幼苗,供移植之用。

任务 4　环境温、湿度和光照管理

(一)温度

大花蕙兰适合的温度为 10～35 ℃。10 ℃以下或 35 ℃以上会影响植株成长。大花蕙兰本身耐寒、耐热、重肥、喜光,对温度的适应能力很强。高温必须通风,温度不是很高通风却很差的时候对植物相当不利。

温差:越大的温差,假球茎越提早形成。而每一代苗的培养时间会缩短。尽早进入成熟期而开花销售。成长期能维持每天的温差 8～10 ℃最有利于成长。催花期能达到 15 ℃温差(7 月份最高温度不得超过 35 ℃),其开花率、品质等效果更彰显。

(二)湿度

可称为感应性水分补充剂。海洋型气候的自然海风湿气有利于侧芽分化及花芽分化。温室的东面最好不遮阴不遮膜,除了能感应东面的海洋型湿度外,早上东面的阳光也较利于植株成长。温室内湿度最好能维持在 70%以上。催花期在 60%最适当。当盆内太潮湿,而外面湿度又不够时,可以地面洒水或用旧水草搭建水床或用水帘增加温室内的湿度。

(三)光照

大花蕙兰是极喜光的兰科植物,刚出瓶或弱苗可于光照约15 000 lx 左右环境下培养,培养期至少须在光照20 000 lx 以上。催花期光照至少在25 000 lx 以上。光照充足(甚至撤掉遮阴网)称为"日晒催花法"。

任务5 水肥管理

(一)水质要求

pH 值在 6.0～6.8 之间的微酸性的水质最适合。正常水的 EC 值都没有问题。但肥水 EC 值最好控制在 1.0～2.0 mS/cm 之间。因为大花蕙兰属于重肥型兰属。

(二)浇水方法

1. 灌盆:虽是最耗时、最浪费水的方法,却是最安全最能使植株平稳成长的方法。不但可中和盆内的酸性,亦可防止树皮的盆内发酵,也可降低盆内盐基的累积(但出瓶、小苗因介质保湿性强,较不适合灌盆)。基本上每个星期至少都要灌盆 1 次。

2. 淋透(浇盆内):一般在要喷施肥水前须作的工作,肥水一般为叶面施肥,但如钾肥须根部施肥,亦须采用此法。

3. 叶面喷水:叶面打湿,盆面不能湿。此法用于控水时期(包括催花或其他因素)不想盆内有水,又怕叶面失水。再者如施杀虫剂前的诱虫法,夏天补水时等原因。

大花蕙兰每个成长阶段的用肥时机关系到叶状是否挺立,成长是否快速,缩短周期性,增加开花率,花梗是否一致,花苞是否黄苞或脱落等等。除每周 1～2 次稀薄的化肥或复合肥外,也可施用腐熟的粪尿、麦麸、骨粉等有机肥料,以补充生长旺季肥料的不足。

四、思考题

1. 大花蕙兰培养基质中树皮需要处理的原因是什么?如何处理?
2. 大花蕙兰的浇水方法有几种?各有什么作用?

项目1.3 拖鞋兰的栽培管理

一、材料用具

拖鞋兰;现代化实训温室。

二、项目实施过程

任务 1 拖鞋兰生态习性的了解
任务 2 栽培场所的选择
任务 3 常用繁殖方法
任务 4 环境温、湿度和光照管理
任务 5 水肥管理

三、实施步骤

任务 1 拖鞋兰生态习性的了解

(一)形态特征

为多年生草本、陆生植物。国际上大量的商品拖鞋兰都为杂交种,花朵硕大,色彩鲜艳。有耸立在两个花瓣上、呈拖鞋形的大唇,还有一个背生的萼片,颜色从黄、绿、褐到紫都有,而且常有脉络或带条纹。拖鞋兰在兰花中与众不同,最明显的区别是与大多数附生的兰不一样,它是地生兰,并无假鳞茎。

(二)生态习性

杂交种的拖鞋兰几乎无例外的都喜阴凉、通风、湿润的环境。

任务 2 栽培场所的选择

由于拖鞋兰原生于光线阴暗的环境,因此切忌阳光的直射,必须遮阴 50%～60%。若放置温室栽培时,要用一层遮光网遮阴,以减弱阳光的照射。同时盆钵之间要有适当的距离,以利通风。若放置室内时,也要利用窗来遮挡一部分光线。由室内移至户外时,也不可立刻曝晒在阳光下,以免使兰叶灼伤。户外栽培时,应选择淋不到雨水且通风良好之处。

任务 3 分株繁殖

通常是 2～3 芽分成一株,其原则如下:①厚而大的新芽自己分成一株;②小的新芽和旧芽分成一株;③开过花的旧芽单独种成一株。

分株时首先将兰株拔起,仔细观察,决定分的株数后小心除去老旧水苔。由于根树很少,分株时要用手指握住各株的叶基,再将其轻轻分开,重新种植,浇水后放置在阴暗处。

任务 4 换盆

通常在开过花后,新根长出之前换盆,最适当的时期是夜晚的温度高于 12～13 ℃。换盆不需要每年进行,约两年 1 次即可。若只想栽培成大株,只要换个大盆移株即可;若要繁殖,则要进行分株。由于拖鞋兰的根不多,一定要小心翼翼,千万不可折损根部。

换盆时,用竹筷将旧的植材小心除掉,并去除腐根。若使用的植材是水苔,可在素烧盆底填入丽龙碎块,以利排水,除了要压实使之紧密之外,如能添加牡蛎壳或石灰岩碎片,效果更好。若使用轻石作植材,由于素烧盆容易干燥,不妨改用陶瓷盆种植。换盆后半个月内要放置在阴暗处,浇水量减少,经常实施叶面浇水,以促进新根的生长。这段时间若浇水过多,反而延迟其发根,此点要特别注意。

任务5　水肥管理

拖鞋兰生长的故乡就是潮湿地带,因此全年均喜好水分。当水苔和植材表明表面略显干燥时,便应及时浇水,以常保盆内潮湿。浇水时应浇至水从盆底流出为止,以使盆内的旧水与空气排除。浇水时处除了根部充分浇水外,也要进行叶面喷水,更能促进新芽的生长。

当新芽开始生长时,可施用稀释1 000倍的液体肥料 N—P—K(成分比为 6.5∶6∶19),每周1次。使用前应详阅该品牌的说明书,依照其指示的浓度调配,不可过稀,亦不宜太浓。

若使用油粕和骨粉混合成的固体肥料时,可于3～4月间施肥1次,4～5寸盆,放置一粒即可。如果植材是新的水苔,或2年换盆1次的兰株,有时无需施肥,即可开出花来。但若使用旧水苔或植材,则施用的肥料要加重些。

四、思考题

1. 试述拖鞋兰的换盆过程。

项目1.4　石斛兰的栽培管理

一、材料用具

石斛兰;现代化实训温室。

二、项目实施过程

任务1　石斛兰生态习性的了解

任务2　栽培场所的选择

任务3　常用繁殖方法

任务4　换盆

任务5　水肥管理

任务6　花期调控

三、实施步骤

任务1　石斛兰生态习性的了解

(一)形态特征

其形态性状变化多样。假鳞茎丛生,圆柱形或稍扁,基部收缩;叶纸质或革质,矩圆形,顶端2圆裂;总状花序;花大、半垂,白色、黄色、浅玫红或粉红色等,艳丽多彩,并具有多种芳香气味。

(二)生态习性

常附生于海拔480~1 700 m的林中树干上或岩石上。喜温暖、湿润和半阴环境,不耐寒。

任务2　栽培场所的选择

进入冬季后,为了避免石斛兰受到寒害,最好将兰株移入室内。由于石斛兰性喜日光,因此最好放在阳光照射得到的窗户边,要特别注意通风管理。白天的温度不要超过25 ℃,夜间不可高于15 ℃,夜温太高对花芽不利。温度过高时,要加强换气工作。

至于夜间的最低温最好保持在10 ℃左右,最低不可低于5 ℃。如果温度过低,不但延迟了开花时间,同时还影响到来年的生长,甚至有冻死的可能。

任务3　分株繁殖

如果兰株过大时,可进行分株将新芽和母株分开栽种。种植后半个月内,均放置在通风良好的遮阴处,等植材表面干燥后1~2天再浇水,有时也可实行叶面喷水,待新根长出后,即可依照一般方法管理。

任务4　换盆

对于生长茂盛的兰株,由于新芽没有生长的空间,同时由于植材的老旧,为了避免将来生长不理想,所以在开花以后,需要换盆,通常每2~3年换盆1次。如果使用温室栽培,只要室温在10 ℃左右即可进行换盆。不使用温室栽培的植株,由于花开完后再换盆,已显略晚,会影响生长,因此最好是花开后,尽早将花切除,进行换盆移植工作。

换盆时,尽量不要伤到根部,只需将坏根和老旧植材去除,如果水苔还很新,不要打开,整个移植到较大盆子。

任务5　水肥管理

冬天的石斛兰生长已停止,故不太需要水分。若水苔表面干燥发白后,2~3 d再浇水仍不嫌迟。浇水的时间以接近中午比较适当。水量如果过多,容易造成根的伤害,导致植株衰弱,同时叶芽陆续长出,影响了开花。每一次的浇水量,以能从盆底流出为准。为了确认植株的干燥度,也可以在浇水前,用手触摸植材,来判断其干湿。

开花前不施肥,等到花开过后,开始施放固体肥料或液体肥料。

任务 6 花期调控

本来在春季开花的石斛兰,如果在冬季的温度和湿度控制得宜,亦可以提前开花。

为了要控制温度和湿度,可以将兰株移到温室中栽培。由于温室中空气比较干燥,因此要对叶和茎实施喷雾,以增加其湿度。此外温度亦不可以过高,以免对植物造成伤害。

对于某些需要低温的石斛兰,升温增湿不但无法促其提早开花,反而增加得病的机会,故要针对品种特性,采取不同的栽培法。

四、思考题

1. 如何对石斛兰进行花期调控?

注:以实习基地的实际栽培品种,有针对性地选择调整项目内容。

项目二 室内观叶植物的栽培管理

室内观叶植物或因叶片硕大、气度非凡,或因叶色艳丽,具有极大的观赏性,常被用于布置厅堂、会场、商场、办公楼等室内公共场所。本项目要求学生熟悉竹芋、肾蕨的形态特征和生态习性,按实习基地要求掌握它们的繁殖方法与栽培要点。

项目 2.1 竹芋的栽培管理

一、材料用具

竹芋盆花;现代化实训温室。

二、项目实施过程

任务 1 竹芋生态习性的了解和品种识别
任务 2 培养土的配制
任务 3 分株繁殖
任务 4 环境温、湿度和光照管理

任务 5　水肥管理

三、实施步骤

任务 1　竹芋生态习性的了解和品种识别

(一)形态特征

竹芋为单子叶植物,在植物学上属竹芋科多年生草本植物。全世界的竹芋约有 31 属 500 余种,分布于美洲、亚洲的热带地区。大多数品种具有地下根茎或块茎,叶单生,较大, 叶脉羽状排列,二列,全缘。叶片除基部有开放的叶鞘外,在叶片与叶柄连接处,还有一显著 膨大的关节,称为"叶枕",其内有贮水细胞,有调节叶片方向的作用,即晚上水分充足时叶片 直立,白天水分不足时,叶片展开,这是竹芋科植物的一个特征。此外,有些竹芋还有"睡眠 运动",即叶片白天展开,夜晚摺合,非常奇特。竹芋的花为两性花,左右对称,常生于苞片 中,排列成穗状、头状、疏散的圆锥状花序,或花序单独由根茎抽出,果为蒴果、浆果。其虽花 朵不大,但花姿优雅。

(二)生态习性

竹芋为热带植物,喜温暖湿润和光线明亮的环境,不耐寒,也不耐旱,怕烈日暴晒,若阳 光直射会灼伤叶片,使叶片边缘出现局部枯焦,新叶停止生长,叶色变黄。竹芋原产南美,我 国云南、广西、广东等地均有栽培。竹芋喜高湿、高湿和半阴的环境条件,要求土壤排水良 好。在我国长江流域及以北地区适宜温室或家庭盆栽,冬季越冬温度保持 5 ℃以上。

(三)品种类型

图 7-2　艳锦密花竹芋　　　　　图 7-3　紫背竹芋　　　　　图 7-4　天鹅绒竹芋

艳锦密花竹芋(图 7-2)又名三色竹芋、四色竹芋,锦竹芋属植物。株高 30～60 cm,地下 有根状茎,丛生。叶长椭圆状披针形,全缘,叶面深绿色,具淡绿、白色、淡粉红色羽状斑纹, 叶背、叶柄均为暗紫色。

紫背竹芋(图 7-3)又名红裹蕉,卧花竹芋属植物。株高 30～80 cm,最高可达 1.5 m。叶 在基部簇生,具短柄,叶片长椭圆形至宽披针形,叶长 30～40 cm,宽 8～12 cm,叶面深绿色, 有光泽,叶背紫褐色。

天鹅绒竹芋(图7-4)又名斑马竹芋、斑叶竹芋、斑纹竹芋、绒叶竹芋,肖竹芋属植物。植株具地下根茎,高50～60 cm。叶片长椭圆形,长30～60 cm,宽10～20 cm,叶色有华丽的天鹅绒光泽,并伴有深绿略带紫色和浅绿色交织的斑马形的羽状条纹,叶背深紫红色。花紫色。

图7-5　浪星竹芋　　　　　图7-6　美丽竹芋　　　　　图7-7　箭羽竹芋

浪星竹芋(图7-5)也称波浪竹芋、浪心竹芋、剑叶竹芋,肖竹芋属植物。株高25～50 cm,茂密丛生。叶基稍歪斜,叶片倒披针形或披针形,长15～20 cm,叶面绿色,富有光泽,中脉黄绿色,叶缘及侧脉均有波浪状起伏,叶背、叶柄都为紫色。另有白浪星竹芋,其叶背呈白色;小浪星竹芋,株高20～30 cm,株形矮小而紧凑。

美丽竹芋(图7-6)也称彩月肖竹芋、桃羽竹芋,肖竹芋属植物。叶卵圆形至披针形,先端钝圆,革质,长10～16 cm,宽8 cm左右,叶面暗绿,在侧脉之间有很多对象牙形白色斑纹,其纹理十分清晰,叶背紫红色。

箭羽竹芋(图7-7)又称披针叶竹芋、花叶葛郁金,肖竹芋属植物。株高60～100 cm。披针形叶片长达50 cm,叶面灰绿色,边缘颜色稍深,沿主脉两侧、与侧脉平行嵌有大小交替的深绿色斑纹,叶背棕色或紫色,叶缘有波浪状起伏。花淡黄色。

图7-8　圆叶竹芋　　　　　图7-9　豹纹竹芋

圆叶竹芋(图7-8)因青绿色叶片形如苹果,故又称苹果竹芋、青苹果竹芋,肖竹芋属植物。株高40～60 cm,具根状茎。叶柄绿色,直接从根状茎上长出,叶片硕大,薄革质,卵圆形,新叶翠绿色,老叶青绿色,有隐约的金属光泽,沿侧脉有排列整齐的银灰色宽条纹,叶缘有波状起伏。

豹纹竹芋(图7-9)也称条纹竹芋、兔脚竹芋、绿脉竹芋,祈祷花,竹芋属植物。株高0～30 cm,节间短,多分枝,茎匍匐生长。叶宽矩圆形,长8～15 cm,宽7～10 cm,基部心形,前端尖凸,正面淡绿色,有光泽,侧脉 6～8 对,脉间有两列对称呈羽状排列的斑纹,初为灰褐色,后呈深绿色,如兔的足迹,叶背灰绿色。

图 7-10　孔雀竹芋　　　　图 7-11　毛柄银羽竹芋　　　　图 7-12　金花竹芋

孔雀竹芋(图 7-10)因叶片上的斑纹形似孔雀的尾羽而得名,肖竹芋属植物。株高 20～60 cm。叶从基部长出,簇生。叶片卵形或椭圆形,长 10～15 cm,宽 5～8 cm,叶面白绿或灰绿色,沿中脉左右交互排列有深绿色斑纹或条纹,叶背紫红色,也有同样的斑纹,细长的叶柄深紫红色;白色小花生于穗状花序苞片内,不甚显著。

毛柄银羽竹芋(图 7-11)又名银叶栉花竹芋,株高 60～90 cm。茎匍匐生长,叶柄细长似芦苇,叶片披针形,银白色,中脉及叶缘银绿色,在中脉两侧排列有长短交替的银绿色斑纹,其长的斑纹与叶缘相连,叶背紫色。

金花竹芋(图 7-12)也称金花冬叶、黄苞肖竹芋、黄苞竹芋,肖竹芋属植物,是竹芋中为数不多的既能观花,又可赏叶的品种。植株丛生,高 15～30 cm。叶片长椭圆形,长 14～16 cm,宽 7 cm 左右,全缘,稍有波浪状起伏,叶面橄榄绿色或暗绿色,叶背淡红或红褐色。花序由叶丛中抽出,通常高出叶面,苞片橘黄色,黄色小花盛开于内,花期在冬、春季节。

任务 2　培养土的配制

要求疏松、排水良好、富含腐殖质的酸性土壤。用腐叶土、泥炭及砂配制的培养土。每隔一年换盆 1 次。

任务 3　分株繁殖

竹芋多用分株繁殖,一年四季均可,不宜栽植太深,以根茎稍露出表土为宜。大部分品种竹芋的繁殖可结合换盆进行分株,分株时注意要使每一分割块上带有较多的叶片和健壮的根,新株栽种不宜过深,将根全部埋入土壤即可,否则影响新芽的生长。新栽的植株要控制土壤水分,但可经常向叶面喷水,以增加空气湿度,等长出新根后方可充分浇水。

任务 4　环境温、湿度和光照管理

(一)温度

适合生长的温度为 20～25 ℃,冬季温度低于 15 ℃时植株停止生长,若长时间低于 13 ℃叶片就会受到冻害,因此越冬温度最好不低于 13 ℃。盛夏当气温超过 35 ℃时对叶片生长不利,应注意通风、喷水进行降温,使植株有一个凉爽湿润的环境。

(二)湿度

由于竹芋叶片较大,水分蒸发快,因此对空气湿度要求较高。若空气湿度不够,叶片会立刻卷曲,反应十分灵敏,尤其是新叶生长期,更应经常向植株喷水,否则会因空气干燥导致新叶难以舒展、叶缘枯焦发黄、叶小无光泽,天鹅绒竹芋等品种的叶片无绒质感,严重影响观赏,因此室内栽培空气湿度必须保持在70%～80%。为了美观,可经常用干净的软布蘸清水擦洗叶片,以使叶片明亮,具有光泽。

(三)光照

喜温暖湿润和光线明亮的环境,不能过于荫蔽,否则会造成植株长势弱,某些斑叶品种叶面上的花纹减退,甚至消失,最好放在光线明亮又无阳光直射处养护。

任务5　水肥管理

春末夏初是新叶的生长期,每10 d左右施一次腐熟的稀薄液肥或复合肥,夏季和初秋每20～30 d施一次肥,施肥时注意氮肥含量不能过多,否则会使叶片无光泽,斑纹减退,一般氮、磷、钾比例为2∶1∶1,以使叶色光亮美丽,具有较高的观赏价值。

冬季多接受光照,停止施肥,适当减少浇水,保持盆土不干燥即可,等春季长出新叶后再恢复正常管理。

四、思考题

1. 竹芋栽培环境温、湿度和光照管理要注意什么问题?

项目2.2　肾蕨的栽培管理

一、材料用具

肾蕨盆花;现代化实训温室。

二、项目实施过程

任务1　肾蕨生态习性和常见品种的了解
任务2　培养土的配制
任务3　常用繁殖方法
任务4　环境温、湿度和光照管理
任务5　水肥管理

任务 6　病虫害防治
任务 7　采收保鲜

三、实施步骤

任务 1　肾蕨生态习性的了解

(一)形态特征

肾蕨是目前国内外广泛应用的观赏蕨之一,除盆栽或吊盆栽培观赏以外,叶片广泛用于插花配叶。意大利、荷兰、德国、日本等国将肾蕨加工成干叶,成为新型的插花材料。

株高 30～600 cm,根状茎直立,下面向四周发出长的匍匐茎,再从匍匐茎的短枝上长出圆形的块茎。根状茎、匍匐茎均密被钻状披针形鳞片。叶片羽状深裂,密集丛生,好似条条蜈蚣,长 30～70 cm,宽 3～5 cm,一回羽状复叶,羽片紧密相接,无柄,45～120 对,鲜绿色。孢子囊群生于侧小脉的顶端,囊群盖肾形,棕褐色,无毛。

(二)生态习性

肾蕨原产热带和亚热带地区,常地生和附生于溪边林下的石缝中和树干上。喜温暖潮润和半阴环境,忌阳光直射。喜湿润土壤和较高的空气湿度。对土壤的要求不太严格,一般在微酸性到中性的疏松土中都能生长良好,特别喜欢生长在含腐殖质丰富的土壤中。

任务 2　培养土的配制

肾厥的一般盆栽,由于肾厥生长迅速,根系很快会布满盆,每年均需换盆。宜用疏松、肥沃、透气的中性或微酸性土壤。常用腐叶土或泥炭土、培养土或粗沙的混合基质。盆底多垫碎瓦片和碎砖,有利于排水、透气。

(一)常见品种

有达菲(*Duffii*)、普卢莫萨(*Plumosa*)。同属观赏种有碎叶肾蕨(*N. exaltata*),又叫高大肾蕨,其栽培品种有亚特兰大(*Atlanta*)、科迪塔斯(*Corditas*)、小琳达(*LittleLinda*)、马里萨(*Marisa*)、梅菲斯(*MempHis*)、波士顿肾蕨(*Bostoniensis*)、密叶波士顿肾蕨(*BostoniensisCompacta*)、皱叶肾蕨(*Fluffy Ruffles*)、迷你皱叶肾蕨(*Mini Ruffle*)、佛罗里达皱叶(*Florida Ruffle*),还有尖叶肾蕨(*N. acuminata*)和长叶肾蕨(*N. biserrata*)。

任务 3　常用繁殖方法

肾蕨繁殖容易,可通过多种途径,如分株、孢子、块茎、匍匐茎和组培繁殖。

(一)分株繁殖

全年均可进行,以 5～6 月为好。此时气温稳定,将母株轻轻剥开,分开匍匐枝,每 10 cm 盆栽 2～3 丛匍匐枝。15 cm 吊盆用 3～5 丛匍匐枝。栽后放半阴处,并浇水保持潮湿。

当根茎上萌发出新叶时,再放遮阳网下养护。

(二)孢子繁殖

选择腐叶土或泥炭土加砖屑为播种基质,装入播种容器,将收集的肾蕨成熟孢子,均匀撒入播种盆内,喷雾保持土面湿润,播后 50～60 d 长出孢子体。

(三)组培繁殖

常用顶生匍匐茎、根状茎尖、气生根和孢子等作外植体。在母株新发生的匍匐茎(3～5 cm)上切取 0.7 cm 匍匐茎尖,用 75% 的酒精中浸 30 s,再转入 0.1% 的氯化汞中表面灭菌 6 min,无菌水冲洗 3 次,再接种。培养基为 MS 培养基加 6-苄氨基腺嘌呤 2 mg/L、萘乙酸 0.5 mg/L,茎尖接种后 20 d 左右顶端膨大,逐渐产生一团 GGB(即绿色球状物),把 GGB 切成 1 mg 左右,接种到不含激素的 MS 培养基上,经 60 d 培养产生丛生苗。将丛生苗分植,可获得完整的试管苗。

任务 4　环境温湿度和光照管理

(一)温度

生长适温 3—9 月为 16～24 ℃,9 月至翌年 3 月为 13～16 ℃。冬季温度不低于 8 ℃,但短时间能耐 0 ℃低温。也能耐 30 ℃以上高温。

(二)湿度

肾蕨喜较高的空气湿度,保持在 70%～80%。春、秋季保持盆土不干,夏季每天需喷水数次,特别悬挂栽培需空气湿度更大些,否则空气干燥,羽状小叶易发生卷边、焦枯现象。

(三)光照

肾蕨喜明亮的散射光,但耐阴性较强,春、夏、秋三季均可置于室内有散射光的地方,避免阳光直射,冬季可放在半光处培养。若光照过强,叶片易枯黄,但过分隐蔽也不宜,常易引起羽片脱落。规模性栽培应设遮阳网,以 50%～60% 的遮光率为合适。

任务 5　水肥管理

生长期每旬施肥 1 次,又可用“卉友”20-20-20 通用肥或 20-8-20 四季用高硝酸钾肥。同时,生长期要随时摘除枯叶和黄叶,保持叶片清新翠绿。春、秋季需充足浇水,夏季除经常保持盆土湿润外,每天应向叶片喷洒清水 2～3 次。吊钵栽培时要多喷水,多根外追肥和修剪调整株态,并注意通风。

任务 6　病虫害防治

室内栽培时,如通风不好,易遭受蚜虫和红蜘蛛危害,可用肥皂水或 40% 氧化乐果乳油 1 000 倍液喷洒防治。在浇水过多或空气湿度过大时,肾蕨易发生生理性叶枯病,注意盆土不宜太湿并用 65% 代森锌可湿性粉剂 600 倍液喷洒。

肾蕨灰霉病,可用 50％速克灵可湿性粉剂 2 000倍液,或 50％扑海因(异菌脲)可湿性粉剂 1 000～1 500倍液,或 50％甲基硫菌灵 500 倍液,或 70％代森锰锌 500 倍液喷雾,7～10 d 一次,连续 2～3 次,每次喷洒药液量不少于 50～60 kg。

任务 7　采收保鲜

若作为切叶栽培,以叶色由浅绿转为绿色,叶柄坚挺有韧性,叶片发育充分为采收适期。叶片生长过老,叶背会出现大量褐色孢子群,失去商品价值。采叶后 20 支 1 束,在 4～5 ℃条件下湿贮或浸入清水中保鲜。

四、思考题

1. 肾蕨常用的繁殖方法有哪些?
注:以实习基地的实际栽培品种,有针对性地选择调整项目内容。

项目三　时兴切花的栽培管理

一、项目目标

切花栽培生产周期短,见效快,规模生产,能周年提供鲜花,是国际花卉生产栽培的主要部分。红掌作为深受广大消费者喜爱的花卉,近几年在国内十分流行。本项目要求熟悉红掌的形态特征和生态习性,掌握其繁殖方法与栽培要点。

二、材料用具

红掌;现代化实训温室。

三、项目实施过程

任务 1　红掌生态习性和常见品种的了解
任务 2　栽培苗床的准备
任务 3　常用繁殖方法
任务 4　环境温、湿度和光照管理
任务 5　水肥管理
任务 6　病虫害防治
任务 7　采收保鲜

四、实施步骤

任务 1 红掌生态习性的了解

(一)形态特征

红掌又名安祖花、火鹤花、花烛,原产中、南美洲,是天南星科花烛属的多年生常绿草本植物。株高达 1 m 以上,根略肉质,节间极短,近无茎。叶自根茎抽出,有光泽,叶脉凹陷。花葶自叶腋抽出,长约 50 cm;单花顶生,佛焰苞直立开展,蜡质,正圆状卵形或阔心脏形,长 10~15 cm,橙红或猩红色、粉色、白色等。肉穗花序无柄,圆柱状,直立,略向外倾,先端黄色,下部白色。

(二)生态习性

原产南美洲热带雨林中,自然条件下,红掌附生于森林树枝、灌木丛或岩石表面,通常有气生根,喜温暖、湿润、半荫蔽、排水良好的环境。冬季要加强光照。

任务 2 栽培苗床的准备

栽培苗床建造方式有两类:一类为地上式,即在地面上砌砖或用水泥板等围隔而成;另一类为地下式,直接在地面挖掘出栽培槽,取出的土即堆成栽培槽的侧壁。两种栽培方式的总体结构基本一致,前者的造价较高,但利于防治病虫害。

栽培苗床高 0.20 m,宽 1.40 m,长 45 m 以内,床间通道宽 0.60 m。苗床底面由两侧向中部以 5% 的坡度倾斜,苗床纵向坡度约 0.3%,沿纵向中心线挖一小沟。苗床底面及侧面铺设薄膜,将栽培介质与地面隔离。薄膜内侧,沿纵向小沟放置一条侧面带孔的排水管,便于排除多余的水分或肥液。

实际生产中可用的栽培基质有:椰子壳、粗泥炭、蛭石、粗木屑、花泥碎和珍珠岩等,栽培槽下层铺设较粗的基质,以便达到最佳的排水和保湿效果。基质上表面低于栽培床侧壁3~5 cm。

盆栽红掌规模化生产用泥炭、珍珠岩、沙的复合基质,其比例为:1 m³ 泥炭+4~5 kg 珍珠岩+0.15 m³ 沙,其 pH 值保持 5.5~6.5 之间。花盆规格:不同阶段对盆的规格要求不同,中苗(15 cm 左右)以上,在上盆种植时,可选择一次性使用的 16 cm×15 cm 的红色塑胶盆种植。

任务 3 常用繁殖方法

可以用种子、分株、扦插和组培方法繁殖。生产中多采用组培苗,育种采用播种法,常规栽培可采用分株和扦插法。种子随采随播,在 25~30 ℃ 条件下,半月可发芽。分株繁殖可剪取成年植株旁带气生根的小株分栽。扦插繁殖,可用较老的枝条 1~2 个节的短枝为插条,剪去叶片进行扦插,插条直立或平卧插于地温 25~35 ℃ 的插床中,几周后生出新芽和根,成为独立植株。

任务 4　环境温、湿度和光照管理

(一)温度和湿度

红掌是一种喜温、喜湿和耐阴的植物,协调光照、温度和湿度三者的关系非常重要。适宜的温度、给予植株较多的光照,再配合略低的湿度,即可获得较大的产量。但一般来讲,阴天、湿度 70%～80%、温度 18～20 ℃,或者晴天、湿度 70%左右、温度 20～28 ℃是比较理想的生产环境。总之,保持温度低于 30 ℃、湿度高于 50%即可取得较好的栽培效果。

14 ℃以下的日温即可导致红掌发生寒害,如果长时间连续低温,则会加重寒害程度。14 ℃左右的夜间温度一般不会对植株造成伤害,但会影响产量。日温度高于 30 ℃则易于发生热害,在高温条件下,如果湿度较低则对植株的伤害更大,因为低湿度时,植株将通过气孔蒸腾而损耗更多水分,导致植株缺水而加重危害。

许多方法可用以降低温度,如棚顶喷淋、水帘降温、喷雾降温和直接向植株喷水等。但使用时需注意,临近傍晚时停止喷雾,以在夜间保持植株叶面干燥,避免增大病害侵染机会。冬季当夜间温度低于 10 ℃时,应采取措施避免发生寒害。另外冬季即使温室的气温较高也不宜过多降温保湿,因为夜间植株叶片过湿反而降低其御寒能力,使其容易冻伤,不利于安全越冬。

(二)光照

光照强度是影响红掌生长及产量的重要因素之一,红掌适宜生长的光照强度为 10 000～25 000 lx。光照过强,抑制植株生长,并导致叶片及花的佛焰苞变色或灼伤,对花的产量和质量影响很大,必须有遮阴保护,温室内红掌光照的获得可通过活动遮光网来调控,在晴天时遮掉 75%的光照。早晨、傍晚或阴雨天则不用遮光。反之,光照强度太低时,由于植株同化产物不足,易引起花朵变小、花茎变软及产量降低。高温加重弱光照带来的损害,严重时造成花芽大量死亡,甚至不产花。

任务 5　水肥管理

灌水首先是对水质的要求,浇花水含盐量不能过高,pH 值控制在 5.2～6.2 之间。在直接使用井水或地表水时,要进行盐分含量处理。盐分含量过高可导致花变小,产量降低(切花品种)以及花茎变短。其次是浇水方法,根据基质不同,确定浇水间隔时间及浇水量,一般基质的含水量应保持在 50%～80%之间。

根据红掌不同的生长期和生长状况,确定施肥的品种、数量及间隔时间,最好是通过制定不同时期的施肥表,来进行施肥管理,满足植物在不同时期对 N、P、K、Ca、Mg、S 等大量元素和 Fe、Mn、Zn、B、Cu、Mo 等微量元素的需要。此外,种植者还可选用红掌系列专用肥来进行施肥管理。

红掌的给水施肥均通过栽培床上的喷淋系统来进行。由于采用无土栽培,所用液体肥料必须含有 N、P、K、Ca、Mg、S、Fe、Zn、Mn、Mo、Cu 等各种营养元素,肥液 EC 值 1.0～1.2 mS 为宜,最大不超过 1.5 mS。液肥通常每周施用 1 次,以栽培床的排水管开始有肥液流出为度,但须避免高温高光强时施用液肥。冬季气温偏低适当减少施肥量。每次施肥完毕,必

须用少量清水喷淋冲洗,以免截留的肥液伤害叶片和花朵,形成残花。

任务 6　病虫害防治

红掌的病害主要有细菌性枯萎病,目前还没有有效药物可用以治疗细菌性枯萎病。因而一旦发病,就必须采取坚决措施彻底销毁病株及附近植株,并对其余植株采取极严格的防疫措施。虫害类型主要有菜青虫、螨类、蜗牛、线虫、介壳虫和蓟马等。除线虫外,一般只需使用相应的杀虫剂即可有效防治。

任务 7　采收保鲜

切花采收是在肉穗花序上有半数小花开放为适期,此时佛焰苞片的花色充分展开,花梗已硬化。可用锋利的刀具,将花枝从基部约 3 cm 处切下。采收时须注意握花枝的手势以及不可抓拿太多花枝,以免花朵互相碰撞摩擦造成损伤。采收的花枝应立即放入事先备好盛有清水的塑料桶中。

采下的红掌花朵运到包装间,将苞片上的污物用清水洗净,先分级再包装。程序如下:

1. 用特制的塑料袋套包在花的外面。

2. 将太长的花枝剪短,在花茎基部套上装有保鲜液的小瓶。

3. 逐支放入包装纸箱内,花朵置放在纸箱两端,花茎在中间,排列整齐。注意佛焰苞要离开箱壁约 1 cm,不可接触箱壁,以免运输途中受损。

4. 将花茎用透明胶等物固定在箱体内,使之不可移动。

五、思考题

1. 红掌采收适期是什么时间?采后处理程序是什么?

项目四　年宵花卉的栽培管理

年宵花卉的栽培,满足了人们在节日期间对花卉的需求,美化节日环境,丰富了节日的文化生活。近几年来,年宵花的消费已占到全国花卉年销售量的 60% 以上。本项目要求熟悉一品红、仙客来的形态特征和生态习性,掌握它们的繁殖方法与栽培要点。

项目 4.1　一品红的栽培管理

一、材料用具

一品红;现代化实训温室。

二、项目实施过程

任务 1　一品红生态习性和品种的了解
任务 2　培养土的配制
任务 3　分株繁殖
任务 4　环境温度和光照管理
任务 5　水肥管理
任务 6　整形修剪

三、实施步骤

任务 1　一品红生态习性和品种的了解

(一)形态特征

一品红别名圣诞花、圣诞树、象牙红、猩猩木、美丽苞叶大戟等,属大戟科大戟属。一品红为常绿直立灌木。株高 60～110 cm,茎直立,含乳汁。叶互生,卵状椭圆形至线状披针形,全缘,下部叶为绿色,上部叶苞片状,红色。杯状聚伞花序,顶生;总苞坛状,绿色,边缘齿状分裂。蒴果。自然花期自头年 11 月到翌年 2 月。在栽培中尚未看到结果。

(二)生态习性

原产墨西哥及中美洲,我国南北均有栽培,北方多为盆栽观赏。短日照植物。喜温暖、湿润气候及阳光充足,光照不足可造成徒长、落叶。不耐寒,忌干旱,怕积水。

(三)常见品种

常见品种有:①一品白(*Ecke's White*),苞片乳白色。②一品粉(*Rosea*),苞片粉红色。③一品黄(*Lutea*),苞片淡黄色。④深红一品红(*Annette Hegg*),苞片深红色。⑤三倍体一品红(*Eckespointc-1*),苞片栋叶状,鲜红色。⑥重瓣一品红(*Plenissima*),叶灰绿色,苞片红色,重瓣。⑦亨里埃塔·埃克(*Henrietta Ecke*),苞片鲜红色,重瓣,外层苞片平展,内层苞片直立,十分美观。⑧球状一品红(*Plenissima Ecke's Flaming Sphere*),苞片血红色,重瓣,苞片上下卷曲成球形,生长慢。⑨斑叶一品红(*Variegata*),叶淡灰绿色,具白色斑纹,苞片鲜红色。⑩保罗·埃克小姐(*Mrs. Paul Ecke*),叶宽、栋叶状,苞片血红色。

近年来上市的新品种有:①喜庆红(*Festival Red*),矮生,苞片大,鲜红色。②皮托红(*Petoy Red*),苞片宽阔,深红色。③胜利红(*Success Red*),叶片栋状,苞片红色。④橙红利洛(*Orange Red Lilo*),苞片大,橙红色。⑤珍珠(*Pearl*),苞片黄白色。⑥皮切艾乔(*Picha-cho*),矮生种,叶深绿色,苞片深红色,不需激素处理。

任务 2　培养土的配制

要求肥沃湿润、排水良好的微酸性土壤。用腐叶土或草炭土加 1/4 砂配制而成。

任务 3　常用繁殖方法

(一)扦插繁殖

切花生产中,主要应用这种方法,一般结合换盆、修剪、整形,4～5 月选取上年健壮枝条,长 10 cm,剪取后,洗净切口流出的乳汁,晾干后扦插,在室温 25 ℃条件下,插后 4～18 d 愈合生根。如用 0.1%～0.3%的吲哚丁酸粉剂处理插穗,生根快而根系发达。

(二)组培繁殖

目前采用花轴、茎顶为外植体,经常规消毒后,接种在添加 6-苄氨基腺嘌呤(0.2 mg/L)和吲哚乙酸(0.2 mg/L)的 MS 培养基上,45～50 d 后将不定芽转移在添加吲哚乙酸(0.2 mg/L)的 1/2 MS 培养基上,约 10～14 d 生根,形成小植株。

任务 4　环境温度和光照管理

(一)温度

喜高温环境,夏季生长迅速,容易管理;冬季低温阶段,越冬温度不得低于 15 ℃,否则产生冷害,植株死亡。

(二)光照

喜阳光充沛的强阳环境,最好保证植株接受全光照,但不要随便改变它的光周期。

夏、秋两季,尽量保持环境通风良好;冬、春季节,在气温较低的栽培地点,应控制通风。

任务 5　水肥管理

在定植后浇透水 1 次,以后正常浇水。一品红较耐旱,其形态指标是植株叶片微蔫。

定植前施腐熟鸡粪做基肥,用量为 1 kg/m²,生长期每半月施肥 1 次或用"卉友"17-5-19 一品红专用肥。

任务 6　整形修剪

当植株高约 45 cm 时摘心 1 次,以后侧枝每长到 45 cm 时再短截 1 次,每年春季植株新芽未萌发前应该强剪 1 次。

盆花栽培控制株高:常用截顶、曲枝盘头和生长抑制剂等法。

(一)截顶

生长过程中截顶 2 次,第一次在 6 月下旬,第二次 8 月中旬。高度根据需要而定。

(二)曲枝盘头

5 月进行,每盘留 3~4 个分枝。随茎干的伸长,用细竹设架进行曲枝绑扎,至苞片现色时停止。曲枝需及时,否则枝条过硬易折断,影响株态。

(三)生长抑制剂

常用比久或矮壮素喷洒叶面或施入盆内。当摘心后腋芽长至 4~5 cm 高时,用 0.5% 的比久溶液喷洒叶面或用 0.3% 的矮壮素施入土壤中,使一品红的矮化效果明显。在栽培过程中,严格控制氮素肥,避免茎叶徒长,土壤以微酸性为好,并加入适量钙、镁肥,使红色苞片更加鲜艳。

每月松土 1 次有助于植株更好地生长。

四、思考题

1. 试述盆栽一品红的整形修剪技术。

项目 4.2   仙客来的栽培管理

一、材料用具

仙客来;现代化实训温室。

二、项目实施过程

任务 1   仙客来生态习性和品种的了解
任务 2   培养土的配制
任务 3   常用繁殖方法
任务 4   环境温、湿度和光照管理
任务 5   水肥管理
任务 6   病虫害防治

三、实施步骤

任务 1　仙客来生态习性和品种的了解

(一)形态特征

仙客来为报春花科仙客来属植物。具有球形或扁球形块茎,肉质,顶部为浓缩的茎,有芽眼,抽生叶和花。叶片心状卵圆形,边缘具大小不等锯齿,叶面深绿色具白色斑纹,叶背暗红色或绿色;叶柄肉质,紫红色。由于花色鲜丽别致,花瓣反卷似兔耳,故又名兔耳花。有的花瓣突出似僧帽,又称一品冠。我国有些地区常以其奇特的花形和块茎形状,又命名为萝卜海棠和篝火花等。

(二)生态习性

仙客来原产欧洲南部。性喜凉爽气候和腐殖质丰富的沙壤土。不耐炎热,夏季高温球茎被迫休眠,甚至受热腐烂死亡。冬季温度过低,则花朵易凋谢,花色暗淡。喜湿润、怕积水。喜光,但忌强光直射。

(三)常见品种

常见栽培品种有:玫瑰红的阿斯梅尔($Aalsmeen$)、齐伦多尔夫($Zehlendorf$),粉红的粉乐($PinkDelight$),白色红边的维多利亚($Victoria$),有小苍兰香味的香波($Scentsation$),大花的金质勋章($GoldMedal$),双色的宝藏($TreasureTrove$),迷你型的安纳利($Anneli$)。近年来,法国园艺学家选育了哈利奥斯($Halios$)系列,有紫火焰($PurpleFlame$)、玫瑰火焰($RoseFlame$)、洋红火焰($MagentaFlame$)和橙红火焰($SalmonFlame$)。还有纯白花瓣带紫眼的白眼($WhitewithEye$)、玫瑰眼($RosewithEye$)、橙红眼($SalmonwithEye$)。另外,有塞拉利昂($Sierra$)系列,大花型,28～32 周开花,有 14 种色彩。奇迹($Miracle$)系列,从播种至开花为 24～26 周。拉塞($Laser$)系列,需 26～28 周开花。

同属观赏种有非洲仙客来($C.africanum$)、小花仙客来($C.coum$)、地中海仙客来($C.neapolitanum$)和欧洲仙客来($C.europaeum$)等。最近,迷你($TinyMites$)系列的仙客来发展很快。

任务 2　培养土的配制

喜凉爽气候和腐殖质丰富的砂质土壤。酸碱度要求中性,如酸度偏大(pH 小于 5.5),幼苗生长会受到抑制。以腐叶土:壤土:河砂为 5:3:2 的比例配制。

任务 3　常用繁殖方法

仙客来可用播种和球茎分割法繁殖。

(一)播种繁殖

以 9 月上旬为宜,播种早迟会直接影响仙客来的生长发育。晚播,气温过低,影响发芽或出苗不齐。仙客来种子较大,千粒重为 9.82 g,可用浅盆或播种箱点播,在 18～20 ℃ 的适温下,30～60 d 发芽。用 30 ℃ 温水浸种 4 h,可提前在播后 15 d 发芽。发芽后以半阴环境最好。幼苗出现第一片真叶、球茎约黄豆大时,行第一次分苗,株行距 3 cm×3 cm,移栽时,小球茎不宜埋深,球茎顶部略高于土面。6～7 片真叶时,可单独分栽于 6 cm 盆。幼苗生长适温为 5～18 ℃,仍以半阴为宜,早晚多见阳光。盛夏要遮阴并喷雾降温,有利于球茎发芽和叶片生长。一般品种从播种至开花需 24～32 周,迷你品种需 26～28 周。

(二)球茎分割法

适用于优良品种的繁殖。选四或五年生球茎,切去球茎顶部 1/3,随后将球茎分割成 1 cm² 的小块,经分割的球茎放 30 ℃ 和相对湿度高的条件下 5～12 d,促进伤口愈合。接着保持 20 ℃,促使不定芽形成。分割后的 3～4 周内土壤保持适当干燥,以免伤口分泌黏液,感染细菌,引起腐烂。一般分割后 75 d 形成不定芽,9 个月后有 10 余片叶可用 12～16 cm 盆栽,养护 2～3 个月后开花。切割繁殖的球茎比种子繁殖的开花要多。

近年来,国外已成功地采用叶插法和组织培养法繁殖仙客来。目前,已用幼苗子叶、叶柄、块茎和根为材料,进行组培和规模性生产。

任务 4 环境温度和光照管理

(一)温、湿度

生长适温为 12～20 ℃。冬季温度低于 10 ℃,花朵易凋谢,花色暗淡;5 ℃ 以下,球茎易遭冻害。仙客来喜湿润,但怕积水。

(二)光照

喜光,但忌强光直射,若光线不足,叶子徒长,花色不正。

任务 5 水肥管理

仙客来生长发育期每旬施肥 1 次,并逐步多见阳光,不使叶柄生长过长、影响美观。当花梗抽出至含苞欲放时,增施 1 次骨粉或过磷酸钙。长江中下游地区,元旦前后就能开花。花期停止施用氮肥,并控制浇水。特别是雨雪天,水不能浇在花芽和嫩叶上,否则容易腐烂,影响正常开花。花后,再施 1 次骨粉,以利果实发育和种子成熟。5 月前后果实开始成熟,采后剥开果皮取出种子,放通风处晾干后贮藏。仙客来生长前期可用 20-20-20 通用肥,即氮含量(N)为 20%,磷含量(P_2O_5)为 20%,钾含量(K_2O)为 20%。花期可用盆花专用肥 15-15-20 水溶性高效营养液。

任务 6 病虫害防治

主要有软腐病和斑叶病危害,可用 10% 抗菌剂 401 醋酸溶液 1 000 倍液喷洒。虫害有线虫危害球茎,蚜虫和卷叶蛾危害叶片和花朵,可用 40％乐果乳油2 000倍液喷洒。

四、思考题

1. 试述仙客来的繁殖技术。

注:以实习基地的实际栽培品种,有针对性地选择调整项目内容。

参考文献

[1]陈俊愉,程绪珂.中国花经.上海:上海文化出版社,1990

[2]白涛,王鹏.园林苗圃.郑州:黄河水利出版社,2010

[3]蔡绍平.园林植物栽培与养护.武汉:华中科技大学出版社,2011

[4]江建国.园林植物病虫害防治技术.郑州:黄河水利出版社,2010

[5]宋建英.园林植物病虫害防治.北京:中国林业出版社,2005

[6]任有华,李竹英.园林规划设计.北京:中国电力出版社,2009

[7]刘金海.盆景与插花技艺.北京:中国农业出版社,2006

[8]黎佩霞,范燕萍.插花艺术基础.北京:中国农业出版社,1997

[9]王莲英,秦魁杰.插花创作与赏析.北京:金盾出版社,1998

[10]郑志勇.插花艺术.北京:化学工业出版社,2009

[11]朱迎迎.插花技艺.北京:中国农业出版社,2009

[12]朱振民.漳州水仙花雕刻造型艺术.合肥:黄山书社,1998

[13]朱振民.图解水仙盆景制作与养护.福州:福建科技出版社,2002

[14]孙霞.盆景制作与欣赏.上海:上海交通大学出版社,2007

[15]彭春生,李淑萍.盆景学.北京:中国林业出版社,2009

[16]郭世荣.无土栽培学.北京:中国农业出版社,2011

[17]王水琦.植物组织培养.北京:中国轻工业出版社,2007

[18]周余华,刘国华.花卉栽培.北京:化学工业出版社,2011